**复旦卓越·21世纪烹饪与营养系列**

烹饪化学

主　编　黄刚平
副主编　李　想

TWENTY-FIRST CENTURY COOKING AND NUTRITION SERIES

 复旦大学出版社
www.fudanpress.com.cn

前言
QIAN YAN

随着食品高新技术在烹饪中的不断应用和食品化学在烹饪中的不断探索,烹饪加工中的自然科学问题和工艺技术问题不断被深入研究和解决。烹饪愈来愈依赖于加工手段的机械化、加工工艺的规范化和评价方法的标准化。因此,在全国餐饮职业教育中,食品科学知识,特别是烹饪化学课程得到了愈来愈多的重视。

鉴于这种情况,我们编写了本教材。本教材改变了按化学成分编排的惯例,而是按"成分—结构—状态—性质—功能"这一化学逻辑关系递进相关内容来编写;而且考虑到高等职业教育的特点,内容是重功能和应用、轻结构,因此,烹饪化学不止是传统意义上的有机化学和基础化学。同时,教材立足于引导学生在专业学习中从"怎样做"到"为什么这样做"。由此,该教材通过大量烹饪实际问题的分析,采用了案例方法来讲解有关原理和知识,有目的地介绍许多科学方法在烹饪具体问题中的应用。本书立足于化学、工艺学,力争反映烹饪加工和菜肴感官属性研究方面的最新进展,而不涉及营养和食品安全卫生方面的内容,因此,将维生素、无机盐等作为营养素看待的食品成分的内容作了大幅度的调整。而有关营养和食品安全方面将另外著书讲述。

本书由四川烹饪高等专科学校黄刚平教授主编。此次《烹饪化学》的编写出版得到了有关部门的领导和专家,特别是四川烹饪高等专科学校和各界许多人士的关心和支持。他们对书稿提出了大量的建议和意见。在此,编者对他们表示衷心的感谢,并恳请广大同仁提出宝贵意见。

编　者
2011 年 6 月

MU LU

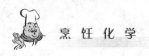

第一章 基础知识

学习目标

1. 掌握食品成分的分类和主要成分种类。
2. 熟悉食品属性及物质基础。
3. 了解烹饪化学的基本内容。

导入案例

"分 子 烹 饪"

"在酱汁里撒入一些叫'卵磷脂'的粉末，就能很轻松将其打成泡沫；还有，将另外一种叫'藻酸盐'的粉末混合在番茄汁里，再用圆底的汤匙小心翼翼地将它舀进一盆加了钙盐的溶液里，它就会凝固成鸡蛋黄状。当然，除了'藻酸盐'和'卵磷脂'，还有诸如'胶凝糖'、'刺槐豆胶'和'琼脂'等这些'化学粉末'能让厨师把食材设计改造成各种令人意想不到的口感和外观。"

以上是行业中传说的对"分子烹饪"(molecular gastronomy)世界的描述。"分子烹饪"似乎正在成为领导厨房和餐饮革命的时髦话语。但为什么以上操作会发生凝固现象？这是一个简单但目前多数厨师并不能很好回答的问题。实际上，"化学诞生于厨房"，烹饪一直就是在厨房内进行的化学反应：生米煮成熟饭、煎鸡蛋、烤面包、炒肉丝……无一不是食物成分发生理化变化的结果。"分子烹饪"无非就是厨师利用、控制和改变这些化学反应的一种提法。当然，"在纯粹意义上，分子烹饪是一门把化学和物理学原理运用在烹饪中的科学。在某种程度上，这个术语已经推广为描述创新烹饪风格，成为创新前卫，懂得结合前沿科学、科技，甚至心理学的新一代厨师的代名词"。

学习了"烹饪化学"，你会感到，在厨师中流传的各种所谓烹调"绝技"，实际上

一点也不神秘,甚至有些"绝技"可能是违反食品安全法规的行为。例如:利用"苏丹红"来为菜肴"走红"是烹饪中非法使用合成色素和工业染料来上色的典型案件。由此可见,化学——烹饪化学对保障烹饪产品质量、创新烹调技术和提高厨师的工作效率等方面有多么重要的作用!

 课前思考题

请思考一下你到超市或餐馆选择食品或菜肴时考虑了哪些因素。这些因素哪些与食品本身有关,哪些与加工者有关,哪些与你自己有关?

第一节　食品和烹饪基本知识

一、食品和烹饪的概念

食品是人们有目的地加工食物原料得到的产品(商品)。食物是经消化道摄入体内能够维持人体正常生命、保持人体健康的体外物质。人类食物都是来源于其他生物。这些生物体作为食物原料,因为安全、营养、口感等原因,除少数可直接生吃外,大多数都必须经过加工后才能食用。例如,直接食用生肉,吃起来不仅韧性大、难咀嚼,不容易消化,营养成分不能被利用,更严重的是还容易因生肉中可能携带致病性微生物、寄生虫等染上疾病,而且生肉的风味也不适合一般人的口味。

食品有原料、半成品、成品之分。其中,原料是指未经过加工或只经过粗加工的含有营养素,但不能直接食用的物质;成品是对原料进行合理的再加工后形成的可直接食用的产品。

烹饪是把食物原料用一定方法加工成餐桌食品的行为,是人类饮食活动的基础之一。餐桌食品就是人们每日的三餐饮食。日常家庭劳动和餐饮行业都涉及烹饪活动。

二、食品的基本属性

食品的基本功能是安全、卫生地为人体提供营养物质,同时它们还能给人们带来食用食物时的美感和享受。一般说来,食品质量高低是食品以下属性的综合结果。

（一）食品的安全性

食品的安全性是决定其质量的一个关键因素和客观标准。食品的安全性是指食品中是否存在对人体有危害的因素，以及对这些危害因素的防护。食品的安全性是它所含的有毒有害成分决定的。

（二）食品的营养性

食品的营养价值是决定其质量高低的另一个关键因素。营养是指通过食物含有的营养素来维持人体健康生命的意思。食物中营养成分的种类、含量、状态和可利用性大小决定了食品的营养价值。

（三）食品的感观性

食品的感观性是人们以感觉器官来认识食品得来的一种感受，它与食品本身的性质和感受者自身有关，对消费者选择食品起决定性作用，同时对食用食品的行为也有很大影响。对于广大消费者，感观性是他们选择、评价食品的主要依据，甚至是唯一依据，因为感官是直观的，消费者容易直接把握。食品感观性主要包括以下三个方面。

1. 食品外观

人们可以通过眼睛对食品外观如食品及其物料的大小和形状、形态和状态、组织和结构、颜色和亮度等状况进行视觉感知和认识，从而得到食品的形态、状态、表面质感、色泽等具体感受。

2. 食品质构

质构是人体通过手、口腔等部位的触觉对固体和半固体食品的软、硬、韧、脆、酥等性能，液体食品的黏稠、流动感等性能以及与食品组织结构有关的性能如食品的粗细感、松实感、滞滑感等作出的感受和认识。

3. 食品风味

风味是指食品的特定成分在口腔中所产生的味感（滋味）、触感和温度感，以及鼻腔所感受到的嗅感（气味或香气）的总称。例如，辣椒、芥末的风味就包括味感、嗅感、温度感和痛感。多数情况下可把风味只理解为滋味和气味两方面。

（四）食品的工艺性

食品的工艺性包括食品的耐藏性、稳定性和方便性，以及食品（或食品原料）被加工成某种人为既定状态的可行性、有效性。例如，烹调中对菜肴水分的控制（如勾芡收汁）经常使用的就是富含淀粉的各种"芡粉"而不是别的材料，所以"芡粉"的工艺性能之一就是"收汁"，其基础就是淀粉能够发生"糊化"这一化学特性。

操作者的烹调技艺和经验、加工条件和设备设施对食品工艺性能的影响很大。同样的原料，不同操作者因水平、经验不同，制成同样的菜肴会有差异；同一操作者每次制作菜肴也不同，即食品工艺性能也就不同。食品的工艺性能虽然与加工技术、设备和人员有关，但应该认识到，食品的加工工艺特性归根结底是由食品自身的物质组成和性质所决定的，例如，拉面的技术关键来源于其面粉蛋白质良好的胶体黏弹性质，而不是来源于操作者本身。因此，那种把烹调操作技艺主观化、神秘

化的观点是完全错误的。

（五）食品的商品性

食品质量的另一个决定性因素是其商品性，包括其价格、成本等具体指标，也包括由其商品属性所决定的其他社会功能和文化现象。不同社会、地区的膳食结构、饮食习惯、消费水平、民风民俗、宗教信仰的差异都可能体现在食品这种属性上。但此属性与食品的物质基础关系不大，因此本书将不考虑此属性。

食品的基本属性中，安全性和营养性是最基本的，它由食品自身的化学组成所决定，是食品的第一性。有时候人们摄食的目的并非仅仅是为了消除饥饿，还为了其他生理、心理的某种需要，这时，食品的其他性质就显得重要了。例如，风味口感在人们品尝、享受美食中起决定性作用。应该看到，在处理食品第一性和其他性质关系上，烹调中有时候本末倒置，片面强调感观性，过分将技术神秘化，将食品的工艺性能仅仅看作是人的因素。所以，用现代科技文化知识来继承和发扬中国烹饪，是烹饪走向科学的必然趋势。

第二节　烹饪中的化学问题概述

烹饪中的化学问题非常复杂，但主要有两个基本问题：第一是菜肴及其原料是由哪些物质组成的？怎样组成的？它们与食品或菜肴质量有何关系？第二是食品原料加工成菜肴的过程中发生了哪些物质变化？这些变化与菜肴质量有何关系？如何影响和控制它们？有关第二个问题，将在本书第五章详细介绍。

一、食品的化学组成

从来源来看，食品成分分为天然成分和非天然成分。天然成分是指食物自身固有的，而且食物未发生明显变化时所含的化学成分。新鲜动、植物食品原料中的化学成分大多可认为是天然成分。非天然成分主要包括食品加工贮藏中不可避免的污染物、其自身原有成分变化的衍生物和为了某种目的人为添加的成分，如调配辅料、食品添加剂等。

从对食品质量的影响来看，有些成分对食品的性质和功能有益处，称它们为需宜成分，包括具有营养价值的营养素（水、碳水化合物、脂类、蛋白质、无机盐和维生素）、决定食品感官属性的色素和风味成分、在加工中发挥工艺特性的功能成分等；与之对应的是对食品的功能有害或潜在有害的成分，称为嫌忌成分，如毒素、致敏因子、腐败气味成分、某些色素等。当然，一种成分对食品的影响是多种多样的，有时候它可能是需宜成分，有时候又是嫌忌成分。例如，糖精对食品的甜味来说是需宜成分，但从食品安全性来看，它又是应避免的嫌忌成分。

从化学分类看，组成食物的成分仍然是无机成分和有机成分两大类。

无机成分有：水、无机盐、无机气体（如空气中的 O_2，CO_2，CO，N_2 及其他成分分解产生的 NH_3，H_2S，NO，SO_2 等）。C，H，O，N 四种元素主要构成水和大量的各种有机物，只有少量以无机物如碳酸盐、氨、硝酸盐形式存在；而其他元素既可以以无机物，也可以以有机物形式存在，统称为无机盐（或叫矿物质）。

与生物组织的有机成分相似，食物中有机成分种类很多，是食品中的主要成分。它分为低分子有机物和高分子有机物。高分子有机物来源于各种生物高分子，都是由低分子有机物单体构成的；另外食品加工中还会产生出一些高分子缩聚物，如类黑色素。食品中的低分子有机物种类繁多，主要有构成生物高分子的基本单体成分，以及由生物组织代谢或加工中的化学变化衍生出的某些低分子有机成分，如加热产生的吡嗪。

食品和菜肴的各种成分中，水、蛋白质、糖类和脂类占主导地位，它们决定了食品的主要性能和品质，因此它们是食品中的主要成分，其他成分则是次要成分。不过从不同目的来看，有些数量上不占优势，甚至极少的物质往往也严重影响了整个食品的性质和品质，如维生素对营养价值的影响，色素对菜肴色泽的决定作用，毒素对食品安全性的制约等。所以要以全面的观点来分析食品和菜肴中的某一具体物质，方能从整体上认识其作用。为了更好地理解食品中的各种成分，现总结于图1-1中。

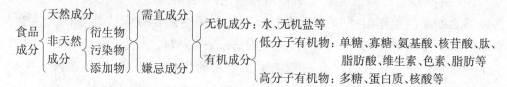

图1-1　食品成分的分类系统

二、食品和菜肴的物质状态

煮熟的鸡蛋和生鸡蛋在化学成分的种类和含量上差异其实并不大，但其功能和食用价值却差异很大，其关键就是鸡蛋的化学成分在状态上发生了变化。例如，蛋白质从天然状态变成变性蛋白，可流动的溶胶水变成不可流动的凝胶水。所以，不仅要了解食品的组成成分，还应知道食品中的化学成分处于什么状态，互相之间有何关系，才能更全面地了解食品的性质和功能。对于大多数生源性食品，其物质体系和状态有如下特点。

（1）食品是多种成分、多种物料构成的混合体系，而且这种混合可能粗细不

均,即使是单一的食品也不是由单一成分构成的,而菜肴点心往往是许多食品原料、物料构成的。例如,肉丝本身含有大量水,但其水不是纯水,并没有明显的固、液、气三种状态,因为肉丝还含有蛋白质、无机盐、脂肪等许多其他化学成分,这些成分与水可能形成各种混合体系——胶体(与蛋白质)、溶液(与无机盐)、油滴或乳化液(与脂肪)等多种分散体系,从而构成一个复杂物体。另外,烹调时,肉丝与肉丝、肉丝与烹调油、肉丝与上浆勾芡的糊芡、糊芡与水分、糊芡与烹调油脂、水分与烹调油脂之间都有非常复杂的关系。

(2) 多数食品和菜肴是亲水胶体。食品虽然是多种成分构成的混合物,但多数情况下水是其主要成分,而且水往往既是分散体系中的分散介质,也可是分散体系中的分散质。因此,食品往往可看作是高分子有机物(尤其是蛋白质和多糖)与水相互作用后形成的亲水凝胶或溶胶体系。例如,肉冻、果冻都是典型的亲水凝胶。

(3) 许多食品具有或部分具有生物组织的特性。食品组织是死亡或将死亡的生物组织,而生物组织更有结构上的复杂性和有序性。生物活体中的物质体系不是简单的化学分散体系状态,它是一个高度有序的、具组织结构的、处于不断变化中的稳态系统。生源性食品具有或部分具有生物的这些组织结构特性,如具细胞结构、各种生物膜结构。在食品和烹调加工中,这些结构都容易遭到破坏,导致食品性能的很大变化。例如,活肌肉细胞中的肌纤维可伸缩,但死组织中的肌纤维收缩僵硬,使它们的性能差异很大。

(4) 食品和菜肴是一个非平衡物质体系,容易发生变化。因为食品各组分和各体系之间要发生作用;同时,食品中的有机物最终都要分解成简单的无机物;食品组织中生物催化剂——酶的普遍存在,使食品原料、特别是鲜活原料容易发生多种生物化学变化;而且,食品是微生物生长的良好培养基,容易在微生物代谢中被分解破坏。所以,食品是容易发生各种理化变化的物质体系。例如,烹调肉丝时,蛋白质-水形成的胶体会发生蛋白质变性和胶体收缩产生肉丝脱水、体积缩小、韧性增大等现象,水-脂肪形成的乳化液会失去稳定性发生破乳而产生油脂和水分离的现象,而糊芡中的淀粉在加热时发生糊化作用而大量吸水产生黏稠的芡汁和糊层。

三、烹饪化学

烹饪化学是食品科学的分支,它研究烹饪原料及其在烹调加工中的物质变化及与食品品质的关系。具体说,它研究食品原料和菜点的物质的组成、结构、状态及性质,以及它们与食品属性的关系。主要内容有:

(1) 烹饪原料及菜肴的化学成分,各种化学成分的状态及性质,它们与食品属

6

性及工艺加工技术的关系；

（2）原料在加工中发生的理化变化及与食品属性的关系，这些变化的影响因素及控制；

（3）食品色、香、味、形、质的科学基础和原理。

当前烹饪高等职业教育中还应该加强烹饪化学的学习，这对提高烹饪技术、规范行业行为、防控食品危害都十分重要。例如，行业中绝大多数厨师不知道绿色蔬菜加工中颜色变化的原因，因此谈不上怎样防止它；不知道"水豆粉"勾芡控制方法的规律性，不知道油温高低与油脂宏观性能的关系以及如何正确识别油温高低等，因此只能因循守旧，不能创新。甚至出现了许多违反食品安全法规的事件，如用"苏丹红"来染色菜肴点心，用"地沟油"、"一滴香"来调味调香等。由此可见，烹饪从业人员应该加强对烹调的科学认识。

学习烹饪化学，要从应用的观点出发。一方面必备的化学基础能够帮助学习，特别是在学习时，应该明确从物质的"成分→结构→状态→性质→功能"这条线索来学习有关基础理论。另一方面，应该牢牢把握以食品品质的安全性、营养性、感官性和工艺性等方面为应用目的，将理论与应用联系起来，而不是单纯地学习化学理论。

同时要注意，烹饪化学与相关课程和学科的内容有一定联系。学习烹饪化学，应该分清各课程的知识重点。例如，营养卫生学的重点就是食品的安全性、营养性，烹调工艺的学习重点就是如何在实际中利用、保持食品的感官性和工艺性。而总体上看，烹饪化学是烹饪学习中各门课程和各种知识的总基础。

 本章小结

本章介绍了食品安全、营养、感官和工艺性等属性及其与食品成分、状态的关系；概括了烹饪中的两个基本化学问题：菜肴的化学组成和状态及其变化。

 练习：单项选择题

1. 构成植物性食品的主体成分中不包括（ ）。

    A. 蛋白质 　　B. 水分 　　C. 纤维素 　　D. 无机盐

2. 将生豆粉与冷水混合，可形成（ ）。

    A. 透明溶液 　　B. 黏性糊状物 　　C. 悬浮液 　　D. 乳化液

3. 制作好的生鱼丸与未加工的生鱼肉的区别是（ ）。

    A. 它们的化学成分的种类不同 　　B. 它们的化学成分的状态不同

C. 它们的化学成分的含量不同　　D. 它们的化学成分的性质不同

4. 动物性干货原料在化学成分上的显著特点是(　　)。

　　A. 蛋白质种类多　　　　　　　B. 蛋白质含量多

　　C. 脂肪含量多　　　　　　　　D. 糖类含量多

5. 有时需要旺火来提高烹饪温度,这主要是为了改善菜肴的(　　)。

　　A. 口味　　　　B. 香味　　　　C. 形态　　　　D. 安全性

 应用：与工作相关的作业

1. 食糖和食盐在烹饪中有多种应用。请分别举出它们三种以上的应用实例,并指出这些应用是作为食品成分分类的哪种成分而发挥其功能的。

2. 表 1-1 是烹饪中的物质变化及对应可能产生的结果,请你填写出具体实例。

表 1-1　物质在烹饪中的变化及属性的改变

变　　化	导致属性改变的类型	具 体 实 例
溶解性、持水力变化 呈味物质产生或变化 有色物质发生变化 营养物质发生变化 功能性物质发生变化 毒物产生或钝化	质地变硬或变软 产生酸味、焦味、异味或芳香味、美味 颜色产生或消失 营养价值降低或改变 功能改变 安全性改变	

 **案例分析**

法式软面包配方

材料:高筋粉 500 克、细砂糖 30 克、鲜牛奶 310 克、发酵粉 6 克、鲜奶油 60 克、盐 3 克。

请根据以上资料分析:

1. 该面包的主料、辅料是什么?

2. 以上材料各自的主要化学成分有哪些?

3. 以上材料或材料中的主要成分在面包的相关功能中起何作用?

第二章 食品的化学组成

学习目标

1. 掌握蛋白质的两性、变性、胶体性及其应用;掌握焦糖化作用、羰氨反应、淀粉的糊化和老化及其应用。

2. 熟悉水和油脂的分散作用、热介质作用在烹饪中的应用;熟悉蛋白质的乳化性、发泡性及其应用;熟悉油脂酸败反应、加热油脂的特性及其应用。

3. 了解食品其他成分的种类及在食品中的作用。

导入案例

"旺卡魔法口香糖"

维里·旺卡是童话小说《查理和巧克力工厂》(*Charlie and the Chocolate Factory*)中那个伟大的巧克力工厂的老板,他是三餐式口香糖的先驱。他在旅途中告诉孩子们:"有了三餐式口香糖,我们再也不用进厨房烹饪了。"他还为孩子们做了一个旺卡魔法口香糖。仅一小块旺卡魔法口香糖就能变出番茄汤、烤牛肉、烤马铃薯、越橘馅饼和冰淇凌等一大堆美食。淘气的维奥莱特·比里加德无法控制她的激动情绪,狼吞虎咽地吃下了整块尚处于实验阶段的口香糖,结果她很快就变成了一个巨大的越橘。

以上这个故事可能吗? 或许不远的将来,这不再是童话。世界食品业巨头——卡夫公司计划生产一种旺卡饮料,在你购买了这种饮料回家后,根据自己的喜好决定该饮料的色彩、口味以及营养成分的含量等。你只需把微波发射机调到适当的挡位来处理这种饮料——卡夫公司或许会向你出售这种微波发射机。微波发射机将激活饮料中的纳米胶囊(胶囊中已经含有一些必需的化学成分),然后你就等着坐享其成吧。

那么,以上理想变为现实的关键在哪? 关键在于: 第一,要有所需的食品成分;第二,要能够把所需的成分精确地放到精确的地方。这两个问题用化学来讲就是能够精确地控制食品的组成。烹调加工也许还做不到那么"精确",但是日新月异的现代科技——纳米技术已经在食品中应用了,相信烹调食物将愈来愈"精确",所以在"精确"组装食品前,首先学习食品和菜肴的化学组成——组装材料是很有必要的。

课前思考题

到超市去看看奶粉包装袋上有关成分的说明,并查查日常菜肴的有关化学成分的数据,比较这些数据,找出共同点。

第一节　水

一、食品中水的基本概述

（一）食物中水的存在与存在状态

1. 食品中水的存在

水是食品中最重要的成分之一。各种食品都含有一定量的水,水对食品的结构、质地、风味都会产生极大的影响。同时,水又是烹饪加工中的重要用料之一,加工用水直接影响到成品的品质。大多数食品水含量为 $70\%\sim80\%$,是含量最多的成分。不同食品的含水量和水的分布与其来源、加工、贮存有关。例如,多数新鲜食品中都含有大量的水分:一般果品的含水量为 $70\%\sim90\%$,蔬菜为 $65\%\sim95\%$,肉类为 $50\%\sim80\%$ 。

当食品内部的水蒸气压与外界空气的水蒸气压在一定温度下达成平衡时,食品的含水量保持一定的数值,这个数值为食品的平衡水分含量,简称为食品的水分含量或食品的含水量,通常用质量分数表示。食品的含水量有干基和湿基两种不同的表示法。干基是指水分占食品干物质质量的百分数;湿基是指水分占含水食品总质量的百分数。

根据含水状况,食品可分为低含水食品和富含水食品。低含水食品宏观上是干燥的固体或富含油脂的半固体食品。例如,干淀粉、食盐、食糖等属于干食品,但它们仍然含有一定的水分。富含水食品为含水湿润状态,又分为液态食品和湿固态食品两大类。液态食品包括水溶液、胶体溶液和非均相的液态食品,如糖溶液、茶水、牛奶、豆浆、果汁、粥、汤汁、蛋清等,它们的主要特征是具有流动性,能够对别的物体产生湿润作用。湿固态食品几乎没有流动性，包括凝胶、湿固体泥浆状（糊状、膏状）和生物组织体，如果冻、肉冻、熟蛋黄、松花蛋、鲜肉、米饭等。

2. 食品中水的存在状态

食品中的水与纯水的存在状态不同，使得食品中水与纯水表现出很大的差异。例如，将一块鲜肉切开，不会出现大量水流动或损失的现象。另一方面，面粉、饼干等干燥食品，它的含水量也达百分之十几，但它却不显"潮湿"。这是因为食品中水能与别的物质相互影响、相互作用，其状态和性质与水分子单独存在时不同了。根据水与别的物质相互作用的大小，可将水分存在状态分为以下几种。·

1）自由水

自由水是食品中被毛细管力或其他较弱吸引力维系的水。这种水存在于食品微细结构中，如微毛细管、大毛细管、细胞、组织囊腔内等，它们几乎具有水的全部性质，是食品中容易变化的部分。在食品中既可以以液体形式移动并结冰，也可以以蒸汽形式移动。烹饪加工中，如干制、涨发食品时，主要就是自由水在变化。

食品中的自由水并非是完全自由流动的水，这与食品组织中各种空间阻碍有关。特别是在具有微观空间网状结构的凝胶或细胞组织中，自由水很大部分因毛细力、表面吸附力和渗透压而不能流动。当然，它也因食品网状结构的机械阻碍而被限制在一定范围内流动，但宏观上看不出来。如苹果所含水中，虽然绝大部分是自由水，但却不能自由流动，只有通过挤压，才能将苹果中的自由水榨出。

2）结合水

结合水是食品中被氢键维系着的水，处于束缚状态或结合状态，也称束缚水。它们以严格的比例与这些物质的分子相吸引，只有在高温（大于 105℃）或化学试剂（强脱水剂）作用于原料时才有可能逸出，一般干燥不能脱去。所以这种水是该物质的组成部分，因此也称为化学结合水。

例如，重 100 g 的鲜瘦肉，总含水量为 75 g，含蛋白质 20 g，在总含水量中有 10 g 左右水是被蛋白质吸附的结合水，其余的 65 g 是自由水。不过，这些自由水都因肉中各种细胞结构、纤维结构、膜结构的渗透压力、毛细力、表面吸附力固定在各种物质微观结构中，所以，肉中的水几乎都不能流动。用刀切开肉或滴干时，也只有少许自由水流失，大约 15 g。当往肉中加入盐时，可使更多的水渗出，这些水就是因渗透压改变而从肉的凝胶结构或细胞中流出的，属于胶体吸附水和毛细管水（见图 2-1）。

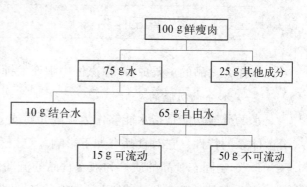

图 2-1　鲜瘦肉水分的状态及分布

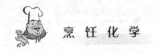
（二）食品中水的性质

水是氢的稳定氧化物，一般情况下不易分解。水在食品和烹饪中的作用，主要还是表现在其物理性质上。根据与水作用的状况，食品的各种成分可分为亲水性成分和疏水性成分，可参见表 2-1。

表 2-1 食品中水与非水成分的关系

非 水 成 分	作用类型	可能结果	实 例
低分子合物： 离子化合物 非离子极性化合物	偶极-离子 偶极-偶极	电解质溶液 非电解质溶液	氯化钠溶液 蔗糖溶液
高分子化合物： 离子化合物 非离子极性化合物	偶极-离子 偶极-偶极	胶体溶液或凝胶 胶体溶液或凝胶	蛋白质胶体 淀粉溶胶
非极性化合物	疏水作用	粗分散体系	水油乳化液

亲水性成分与水分子能通过强的分子间作用力，如氢键和静电吸引力相互吸引，使得这些非水成分周围被水分子包围，这种作用称水化。亲水性成分如果能够以单分子或较小的分子团形式分散在水中，则为水溶性成分。如盐、糖类、醇类、一些蛋白质等食品成分，由于可以离解或与水形成氢键，从而容易溶于水中。蛋白质、多糖等高分子化合物分散于水中形成胶体溶液，或者它们结合大量的水成为凝胶。

食品的疏水性成分有油脂、矿质和金属粉末等。它们和水分子之间可以通过疏水作用来彼此改变对方的存在状态，从而在食品中形成其他形态的分散体系和物质状态，使食品性能更为复杂多样。例如，许多固体和半固体食品中的乳化态、泡沫态、悬浮态和泥浆态等。

二、水在烹饪中的作用

水作为食品的主要成分，在烹饪中主要发挥分散功能和热媒介功能。

（一）水分散功能的应用

水的分散功能是指水能够作为分散介质或分散质与食品的其他成分形成各种分散体系的特性。它对食品有如下影响。

1. 影响固态食品的质构和液态食品的流动性

流质食品的流动性归根到底是水的流动性。水是食品中的塑性成分，具有对固体食品的增塑作用，完全没有水或不溶于水的固体食品没有好的流动性和口感。菜肴和点心的鲜嫩、化渣就是食品中水所发挥出的溶解性、分散性和流动性的体现。所以，食品的鲜嫩除了与它本身的组织结构和成分有关外，水含量和状态是重要的决定因素。例如，水果蔬菜组织结构松脆、含水多，显得鲜嫩多汁，一旦失去一部分水分，组织细胞内的压力降低，就会枯蔫、皱缩和失重，食用价值大大下降。

2. 影响食品水溶性成分的状态和含量

水作为溶剂，对食品水溶性成分的分解、溶解、扩散、渗透等起重要作用。例如，畜肉中含有低分子肽、氨基酸、低分子含氮有机物、维生素、无机盐等水溶性物质。烹制肉时，其细胞破裂，这些水溶性成分溶出，在加热过程中能产生风味物质，构成特有的肉香和鲜味。有些苦味物质和有害物质可在水中溶解或者被水解破坏。利用这个原理，常用浸泡、焯水等方法去除异味和有害物质。如鲜黄花菜中含有对人体有害的秋水仙碱，它可溶于水，如将鲜黄花菜浸泡2小时以上或用热水烫后，沥去水分，漂洗干净，即可去除秋水仙碱。

水的流动也导致需宜成分的流失，在水中某些需宜成分还容易发生化学反应而被破坏，烹饪加工中应充分注意这个问题。如水溶性维生素、水溶性含氮化合物、氨基酸和水溶性色素等溶于水后，会造成流失和破坏，从而大大影响食品的营养价值及其他性能。

（二）水的热媒介功能

水是烹调中常用的传热介质，常采用水煮等液态水加热方式和汽蒸等蒸汽加热方式来加热食品。因为，水具稳定的化学性质，不会产生有害物质；有良好的溶解能力，有恒定的沸点，流动性大，渗透力强；具有隔氧防氧化作用，拥有高熔化热、高汽化热和高热容量等热学性能。

水的黏度低，在加热时，水能够形成明显的热对流，其传热效率高、速度快；水的渗透性强，沸腾状态的水有机械作用，对食品的熟制、均匀受热、可溶物的溶解、油脂的乳化等非常有帮助。水的高热容量、高汽化热和恒定的沸点，为稳定地将热源的能量传递给受热食品提供了基础。即使热源功率增大或降低，水温也不易发生过快和过大的升降。同样，在恒定功率的热源下，通过增减水量，特别是增减不同温度的水，能快速和准确地调节加热温度，为食品均匀受热和恒温受热提供了保障。

水的沸点与压力相关（见表2-2）。高压锅因压力增大，水的沸点可达120℃左右，所以高压锅加热能大大加快食品制熟的速度，缩短烹饪时间。高温高压的热蒸汽，温度高，汽化热大，加热效果好，还因液态水少，没有明显溶解作用，可保持食品外形，减少可溶成分流失。

表 2－2　水的饱和蒸汽压与温度的关系

$T(℃)$	$P(Pa)$	$T(℃)$	$P(Pa)$
－20	$1.034×10^2$	80	$4.733×10^4$
0	$6.343×10^2$	100	$1.013×10^5$
20	$2.337×10^3$	120	$1.985×10^5$
40	$7.374×10^3$	140	$3.613×10^5$
60	$1.991×10^4$	180	$1.002×10^6$

第二节　蛋　白　质

一、氨基酸与蛋白质的化学基础知识

（一）蛋白质的组成和构成单位

蛋白质是生物高分子,其主要组成元素是 C,H,O,N,S,P 等。在这些元素中,氮的含量几乎是恒定的。一般来说,蛋白质的平均含氮量为 16%,即每 100 g 蛋白质平均含氮 16 g;反过来说,也就是 16 g 氮对应 100 g 蛋白质,1 g 氮与 100 g/16＝6.25 g 蛋白质相当,所以 6.25 称为蛋白质换算系数。

氨基酸为蛋白质的构成单位。构成蛋白质的氨基酸是 α-氨基酸,其通式如下:

$$α-氨基\quad NH_2—\underset{\underset{\text{侧链基团}}{R}}{\overset{\overset{\text{羧基}}{COOH}}{\underset{}{C}}}—H\quad α-氢$$
α-碳原子

（二）氨基酸的分类

不同的氨基酸其 R 不同,常见氨基酸见表 2－3。

表 2－3　构成蛋白质的主要氨基酸

名　称	相对分子质量	结　构　式	名　称	相对分子质量	结　构　式
甘氨酸	75.07	NH_2CH_2COOH	缬氨酸	117.15	$CH_3CHCHCOOH$ 中 CH_3 与 NH_2
丙氨酸	89.09	$CH_3CHCOOH$ 中 NH_2	异亮氨酸	131.38	$H_3C—C—C—C—COOH$ 中 CH_3、H、H、NH_2

名　称	相对分子质量	结　构　式	名　称	相对分子质量	结　构　式
异亮氨酸	131.38	$CH_3CH_2CHCHCOOH$ $\quad\quad\underset{H_3C}{\vert}\ \underset{NH_2}{\vert}$	脯氨酸	115.14	—COOH（吡咯烷环）
丝氨酸	105.09	$HOCH_2CH(NH_2)COOH$	色氨酸	204.23	$CH_2CH(NH_2)COOH$（吲哚环）
苏氨酸	119.12	$H_3C—\overset{H}{\underset{OH}{C}}—\overset{H}{\underset{NH_2}{C}}—COOH$	组氨酸	155.16	$\overset{NH_2}{\underset{H}{C}}—COOH$（咪唑环，CH_2）
半胱氨酸	121.16	$\overset{SH}{\underset{H_2}{C}}—\overset{NH_2}{\underset{H}{C}}—COOH$	组氨酸	155.16	$\overset{NH_2}{\underset{H}{C}}—COOH$（咪唑环，CH）
蛋氨酸	149.12	$H_2C—CH_2—\overset{H}{\underset{NH_2}{C}}—COOH$ $\underset{SCH_3}{\vert}$	谷氨酰胺	146.15	$NH_2—\overset{O}{\underset{\ }{C}}—CH_2—CH_2—\overset{H}{\underset{NH_2}{C}}—COOH$
谷氨酸	147.13	$HOOCCH_2CH_2CH(NH_2)COOH$	天冬酰胺	132.11	$HOOC—\overset{NH_2}{\underset{H}{C}}—CH_2—\overset{O}{\underset{\ }{C}}—NH_2$
天冬氨酸	132.11	$HOOC—\overset{NH_2}{\underset{H}{C}}—CH_2—COOH$	赖氨酸	146.19	$H_2\overset{H}{\underset{NH_2}{C}}—\overset{H}{\underset{H}{C}}—\overset{H}{\underset{H}{C}}—\overset{H}{\underset{NH_2}{C}}—COOH$
苯丙氨酸	165.20	$CH_2—\overset{\ }{\underset{NH_2}{CH}}—COOH$（苯环）	精氨酸	174.20	$H_2N—\overset{\ }{\underset{NH}{C}}—N—\overset{H}{\underset{H}{C}}—\overset{H}{\underset{H}{C}}—\overset{H}{\underset{NH_2}{C}}—COOH$
酪氨酸	181.20	$HO—\overset{\ }{\underset{H}{C}}—\overset{NH_2}{\underset{H}{C}}—COOH$（苯环）			

（三）蛋白质的分子结构

蛋白质的结构决定其功能，其结构很复杂，可分为一级、二级、三级和四级结构。

蛋白质的初级结构，即一级结构，是指氨基酸按一定的顺序以肽键相连形成的线性多肽链。氨基酸与氨基酸分子可以发生成肽反应（见下反应）。一级结构的关键是氨基酸之间的连接键——肽键，以及氨基酸连接的顺序。

$$NH_2-CH-C-OH + NH_2-CH-C-OH \rightarrow NH_2-CH-C-N-CH-C-OH + H_2O$$

（上方结构式中标注：O、O、O、O；R₁、R₂、R₁、R₂；H；肽键）

蛋白质的高级结构，即空间结构，包括二级、三级、四级结构。二级结构是指蛋白质分子中多肽链骨架的折叠方式。二级结构主要有 α-螺旋结构、β-折叠结构。三级结构是在二级结构的基础上蛋白质进一步折叠成为紧密结构时的三维空间排列。几条多肽链在三级结构的基础上缔结在一起，即由相同或不同球蛋白分子所构成的聚合体，就是所谓的蛋白质的四级结构。并非所有的蛋白质分子都有四级结构。

蛋白质分子间或分子内不同部分存在相互作用力，正是它们维持着蛋白质分子的空间结构。这些维持力有氢键、静电引力、疏水作用等非共价化学键，这些作用力都比较弱，可称为次级键。另外，维持力中还有二硫键、酰胺键等共价键。图2-2是蛋白质空间结构维持力示意图。

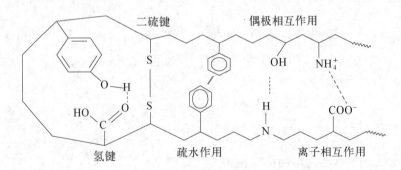

图2-2 蛋白质空间结构维持力

（四）蛋白质的分类

蛋白质种类繁多，通常是按照蛋白质的组成及溶解性来分类。有些蛋白质完全由氨基酸构成，称为简单蛋白质；而另一些蛋白质除了蛋白质部分外，还含有比较耐热的水溶性非蛋白低分子成分，这种成分称为辅基或配基，这类蛋白质称为结合蛋白质。具体分类可见表2-4。

表2-4 蛋白质的分类

简	类 别	分类标准（溶解性）	特 性	存 在 及 例 子
单蛋白质	清蛋白（白蛋白）	溶于水，但加硫酸铵至饱和后沉淀	加热凝固，可结晶，多为功能蛋白或球状蛋白	所有生物中存在，如卵清蛋白、乳清蛋白、豆清蛋白、麦清蛋白等
	球蛋白	不溶于水和饱和硫酸铵溶液，但溶于稀盐溶液	可结晶，动物球蛋白加热可凝固，植物球蛋白不易凝固	所有生物中存在，如大豆球蛋白、乳清球蛋白、肌球蛋白、血清球蛋白、麦球蛋白等

	类别	分类标准（溶解性）	特性	存在及例子
简单蛋白质	谷蛋白	不溶于水、醇和盐溶液，但溶于稀酸、稀碱	加热可凝固，贮存蛋白，谷氨酸含量高	仅存在于禾谷类植物种子中，如米谷蛋白、麦谷蛋白、玉米谷蛋白等
	醇溶谷蛋白（胶蛋白）	不溶于水、盐溶液，但溶于稀酸、稀碱和70%乙醇	加热可凝固，贮存蛋白，无水乙醇不溶	仅存在于禾谷类植物种子中，如米胶蛋白、麦胶蛋白、玉米醇溶谷蛋白等
	精蛋白	水、稀酸中可溶，氨水中不溶	加热不凝固，碱性蛋白，含大量精氨酸	细胞中与核酸结合，如在鱼、蛙的精子和卵细胞中存在，其他食品中含量很少
	组蛋白	水、稀酸中可溶，但稀氨水中不溶	加热不凝固，碱性蛋白	细胞中与核酸结合，例如在动物胸腺中存在，其他食品中含量很少
	硬蛋白	不溶于水、盐溶液、稀酸和稀碱	不溶蛋白，多为纤维状蛋白，动物的支持材料	动物结缔组织或分泌物中存在，如胶原蛋白、弹性蛋白、角蛋白、网硬蛋白、丝蛋白

	类别	分类标准（辅基）	特性	存在及例子
结合蛋白质	核蛋白	核酸	组蛋白与核酸结合	广泛存在，但含量少，如染色体、核糖体
	脂蛋白	脂肪和类脂	一般作为脂肪的运输方式或乳化方式	广泛存在，如血浆脂蛋白、卵黄脂蛋白、牛奶脂肪球蛋白等
	糖蛋白	糖类	许多功能蛋白，有些种类黏度大	广泛存在，如卵黏蛋白、卵类黏蛋白、血清类黏蛋白等
	磷蛋白	磷酸	磷酸酯形式，加热难凝固	广泛存在，如酪蛋白、卵黄磷蛋白、胃蛋白酶等
	色蛋白	色素	多为酶等功能蛋白	如血红蛋白、肌红蛋白、叶绿蛋白、细胞色素等
	金属蛋白	与金属直接结合	多为酶或运输功能的蛋白	广泛存在，如运铁蛋白、乙醇脱氢酶

二、氨基酸与蛋白质的性质及在烹饪中的应用

在烹饪加工中，蛋白质的重要性质和变化主要集中在蛋白质的两性性质、变性、胶体性、乳化性、起泡性和可能发生的一些化学反应等几方面。其中，有关化学反应在第五章介绍。

（一）氨基酸与蛋白质的两性性质及应用

氨基酸和蛋白质都含有酸性和碱性基团，同时表现出酸和碱的性质来，这叫两性性质。若调节溶液的 pH 值，氨基酸或蛋白质将发生酸式或碱式电离，分子所带

正负电荷会变化。如果恰好其正负电荷相等,此时溶液的这个 pH 值称为该种氨基酸或蛋白质的等电点,以 pI 表示,即在 pH＝pI 时,氨基酸及蛋白质分子净电荷为零;同样,若 pH＞pI,酸式离解强于碱式离解,分子会带上负电;在 pH＜pI 时,碱式离解强于酸式离解,分子则带上正电。其关系可用图 2-3 来反映。

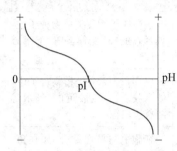

图 2-3 蛋白质和氨基酸分子所带电荷与 pH 的关系
(pI 为等电点)

由于溶液的 pH 值改变会改变蛋白质分子的带电状况,从而使蛋白质的其他性质,如变性、胶体性等性质受到影响,所以蛋白质的两性性质在烹饪加工中被广泛应用。如蛋白质沉淀、蛋白质凝胶的形成,都可以通过调节 pH 值来控制。其中,最重要的是利用等电点的有关原理。一些常见蛋白质的等电点见表 2-5。

表 2-5 常见食品蛋白的等电点

蛋白质	来　源	pI 值	蛋白质	来　源	pI 值
胶　原	牛	8～9	小麦胶蛋白	小麦面粉	6.4～7.1
白明胶	动物皮	4.80～4.85	米胶蛋白	大米	6.45
乳清清蛋白	牛奶	5.12	大豆球蛋白	大豆	4.6
乳清球蛋白	牛奶	4.5～5.5	伴大豆球蛋白	大豆	4.6
酪蛋白	牛奶	4.6～4.7	肌红蛋白	牛肌肉	7.0
卵清清蛋白	鸡蛋	4.5～4.9	肌球蛋白	牛肌肉	5.4
卵伴清蛋白	鸡蛋	6.1	肌动蛋白	牛肌肉	4.7
卵清球蛋白	鸡蛋	4.8～5.5	肌溶蛋白	牛肌肉	6.3
卵清溶菌酶	鸡蛋	10.5～11.0	肌浆蛋白	牛肌肉	6.3～6.5
卵类黏蛋白	鸡蛋	4.1	血清蛋白	牛	4.8
卵黏蛋白	鸡蛋	4.5～5.0	胃蛋白酶	猪胃	2.75～3.00
小麦清蛋白	小麦面粉	4.5～4.6	胰蛋白酶	猪胰液	5.0～8.0
小麦球蛋白	小麦面粉	5.5	鱼精蛋白	鲑鱼精子	12.0～12.4
小麦谷蛋白	小麦面粉	6～8	丝蛋白	蚕丝	2.0～2.4

在等电点时,蛋白质净电荷为零,与水的吸引力小,分子内各部分之间电斥力最弱,分子能更趋紧凑,与水的接触面小,水化作用弱,因此溶解度、溶胀能力、黏度都降到最低点。所以在等电点时,蛋白质可能会沉淀下来,这叫等电沉淀。例如,牛奶中加酸立刻会看到絮状沉淀。相反,为了提高蛋白质的水化作用和溶解度,要偏离其等电点。一般食品蛋白质等电点都在微酸性 pH 处,所以,烹饪中一般采用加碱方法而不是加酸方法来改善食品的水化状况。如碱发干货就是一个例子,因为此时加碱更能远离蛋白质的等电点,使其带电荷更多,有利于水化作用。

(二)蛋白质的变性及应用

1. 蛋白质变性的概念

天然蛋白质因各种因素的影响,其原有的分子构象发生变化,引起蛋白质的理化性质改变和丧失原有生物功能的现象称为蛋白质的变性。变化后的蛋白质称为变性蛋白质。在这个变化中蛋白质并未分解,其一级结构不变,不过二级、三级、四级结构发生了变化。其结构变化的方向,一般是从原来较为紧密的状态转变为疏松伸展的状态。

2. 影响蛋白质变性的因素

影响蛋白质变性的因素很多,如物理方面的紫外线照射、加热、加压、超声波、射线照射等,化学方面的因素有强酸、强碱和乙醇、丙酮等溶剂,重金属离子有Hg^+,Ag^+,Pb^{2+},Cu^{2+}等,其中最常见的使蛋白质变性的方法就是加热升高温度。一些蛋白质的变性温度见表2-6。

表2-6 一些蛋白质的热变性(热凝固)温度

蛋 白 质	热变性温度/℃	蛋 白 质	热变性温度/℃
(牛)肌球蛋白	45(pH=6.5时)	(鸡)卵类黏蛋白	70
(牛)肌溶蛋白	52	α-乳清蛋白	83
(牛)血清蛋白	65	β-乳球蛋白	83
(牛)胶原蛋白	65	面筋蛋白	60~70
(牛)血红蛋白	67	大豆球蛋白	92
(牛)肌红蛋白	79	燕麦球蛋白	108
(鸡)卵黄蛋白	70	酪 蛋 白	160
(鸡)卵清蛋白	56		

水能促进蛋白质的热变性。当水分含量增加时,提高了多肽链的移动性和柔性,造成变性温度的降低。所以,烹饪中应该增加水分,降低食品蛋白质的变性温度,使加工温度低,不容易发生化学反应,这样有利于保留营养成分。表2-7提供了几种与食品相关的蛋白质在不同水分含量时的变性温度。

表2-7 一些食品蛋白质在不同水分含量时的变性温度

蛋白质	水分含量/%	变性温度/℃	蛋白质	水分含量/%	变性温度/℃	蛋白质	水分含量/%	变性温度/℃
肌红蛋白	2.3	122	卵清蛋白	0	160~170	大豆蛋白	10	115
	9.5	89		6	145		20	109
	15.6	82		18	80~90		30	102
	20.6	79		25	74~80		40	97
	35.2	75		50	56		50	89

振动、捏合、打擦产生的机械运动也会破坏蛋白质分子的结构,从而使蛋白质

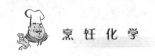

变性。例如,在"打"蛋糕时,就是通过强烈快速的搅拌,使鸡蛋蛋白质分子受到切向力作用,由复杂的空间结构变成伸展多肽链,多肽链在继续搅拌下以多种次级键交联,形成球状小液滴,由于大量空气的充入,使蛋清体积大大增加。又如,在加工面包或其他面团食品时,因揉捏或滚动而产生剪切力和压力,可导致蛋白质的网络结构改变,从而使蛋白质变性。这些变性是由运动作用力产生的,故称运动变性。

因蛋白质分子具柔性及可压缩性,高静压(100～1 200 MPa)能使蛋白质空间结构改变导致变性,这叫高压变性。压力变性不同于热加工和辐射变性,它不会损害蛋白质中的必需氨基酸、天然色泽和风味,也不会导致有毒化合物的形成。

3. 蛋白质变性的结果和意义

蛋白质变性将导致蛋白质在物理性质、化学性质和生物功能三方面发生变化,它们对烹调食品的工艺、食品的营养和安全具有重要意义。

生物活性的丧失是蛋白质变性的主要特征,如酶催化或抗体免疫活性、肌肉收缩能力丧失。所以通过蛋白质变性,能消除食品蛋白质原有的生物特征,如抗原性、酶活性或毒性,蛋白质才能被人体消化吸收,保证安全无害。例如,花生、大豆、蚕豆、菜豆等的种子中存在着蛋白酶抑制剂,能抑制人体内的蛋白质水解酶,当加热烹煮或烘烤,它们会变性失去活性。同时,由于变性蛋白分子结构伸展松散,变性蛋白更易发生化学反应(如易被蛋白水解酶分解),有利于食品色泽、质地、气味的改善,所以动物蛋白、骨胶原和卵清蛋白,在适度热处理后更容易消化。

烹饪加工中发生的沉淀、胶凝、凝集和凝固、食品热缩等现象,都与蛋白质变性有关。高蛋白质烹饪原料加热制熟的程度主要就是依据其蛋白质变性的程度来判断。例如,肉在烹调时,其制熟的程度可根据其肌红蛋白变性时颜色的变化来判断,还可通过其胶原蛋白变性热缩的程度来判断。

(三) 蛋白质的胶体性质及应用

1. 蛋白质的胶体性概述

蛋白质胶体是蛋白质与水相互作用的结果。蛋白质以单个分子分散到水中形成溶液,因蛋白质分子是高分子化合物,分子直径大(在 0.1～0.01 μm 之间),其分散体系属于胶体,故叫蛋白质胶体。蛋白质胶体可分为溶胶和凝胶,许多食品功能和烹饪中的变化都是蛋白质胶体性的不同体现和变化。

2. 蛋白质溶液的性质

蛋白质胶体溶液是许多液体食品的主要构成部分,如炖汤、生肉汁、生蛋清等。这些液态食品的主要功能特性和变化都与蛋白质溶液的胶体性质有关。它们发生的溶解、沉淀、胶凝等现象和具有流动、高黏性、低渗透压和透析等性质都是蛋白质溶胶性质的具体表现。

1) 溶解与沉淀

蛋白质在水中分散形成高分子溶液或溶胶的过程叫溶解。溶解的关键在于蛋白质分子彼此能完全分离。使蛋白质从溶液中析出的现象称为蛋白质沉淀。

如果将蛋白质溶液调至等电点,这时蛋白质分子为电中性,净电荷为零,蛋白质就会发生沉淀。

在水中加盐离子,浓度低时,溶解度增大,这叫盐溶作用。许多球蛋白可溶于低盐浓度的水中,例如肌肉蛋白质具有盐溶性,所以烹饪中适当地加盐,能增大肉的水化程度和溶解度,使嫩度和保水性改善。但当盐浓度升高时,盐的亲水性反而抵消了蛋白质的水化作用,蛋白质聚集而沉淀下来,这叫盐析作用。不同盐离子的盐析能力不同,这主要与它们的电荷、离子半径等因素有关,其大小次序如下:

阳离子:$Mg^{2+} > Ca^{2+} > Sr^{2+} > Ba^{2+} > NH_4^+ > K^+ > Na^+ > Li^+$

阴离子:$SO_4^{2-} > Ac^-(乙酸根) > Cl^- > Br^- > NO_3^- > I^- > CNS^-$

2)胶凝作用

溶胶在一定条件下转变成凝胶的现象称为胶凝。如肉汤冷后成为肉冻,豆浆中加入钙镁盐后凝成豆腐等。蛋白质的胶凝作用与蛋白质溶液的沉淀不同:沉淀是指由于溶解性完全或部分失去而导致的液固分离;而胶凝没有液固分离现象,胶凝中没有水的流失。当然,烹饪加工中蛋白质可能同时发生以上变化,并产生复杂的结果。例如,豆腐的形成是盐析沉淀、盐胶凝同时发生的结果。

3. 蛋白质凝胶的性质

凝胶是指不能流动的固体或半固体的胶体,可看成是水分散到固体中的胶体。凝胶网络中有自由水,这些水是被网络结构限制的,属于宏观上不可流动的自由水(见图2-4)。

凝胶可以通过溶胶的胶凝作用形成,也可通过干物质的吸水形成。凝胶的种类很多,根据胶凝条件或机制,有热凝胶、冻凝胶(冻胶)、酸凝胶、碱凝胶、盐凝胶、氧化凝胶(如血浆蛋白)等类型。例如,内酯豆腐是大豆蛋白的酸凝胶,松花蛋是卵清蛋白的碱凝胶,传统豆腐是大豆蛋白的盐凝胶。根据成分,凝胶可以是蛋白质凝胶,也可以是多糖凝胶等。

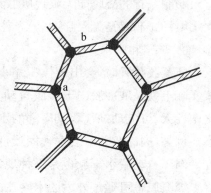

图2-4 蛋白质亲水凝胶的
　　　网状结构示意

a(黑色)——蛋白质疏水部位发生疏水作用
b(粗黑线条)——蛋白质亲水部位水化层

凝胶的含水量及其水分状态不同,其性质也不同,根据这一特点,凝胶可分为干凝胶、液凝胶。干凝胶相对缺乏水分,外观是干燥的凝胶(仍可通过蒸汽与环境交换水分),而液凝胶相对富含水分,属于湿固态食品,其水分不仅可以通过可以蒸汽交换,而且还能以液态水流动、渗透方式交换。干凝胶可以吸水,而液凝胶可以脱水,这是它们的主要区别。如鲜海参可以脱水干制,它是液凝胶;而干海参可以

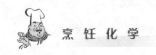

吸水涨发,它是干凝胶。

溶胶与凝胶之间、干凝胶与液凝胶之间可以互变。但是,对于具体蛋白质的凝胶,除非改变条件,一般只能向某方面变化,具有单向性。例如,豆腐属于液凝胶,它不能再吸收更多的水分,因此烹调时应该在保水而不是吸水方面下工夫。

蛋白质凝胶和多糖一般都具有溶胀、离浆、弹性和塑性、持水性四大特性。有关弹性和塑性,将在第四章中介绍。

1)持水性

持水性是指凝胶不丢失水的能力,这些水包括了结合水和自由水,而持水性主要是指保持自由水。持水性是湿固态食品在烹饪中的重要功能性质,特别与肉类菜肴的质量有重要关系。加工过程中肌肉蛋白质持水性越好,意味着肌肉中水的含量较高,制作出的食品口感鲜嫩。

2)膨润(溶胀)作用

当凝胶和溶剂接触时,便自动吸收溶剂而膨胀,体积增大,这个过程叫膨润或溶胀。有的凝胶膨润到一定程度,体积增大就停止了,称为有限膨润。此时,凝胶溶胀吸水后不溶解,只是水分散到凝胶中,使凝胶间隙增大。加工中有大量的实例,如干明胶、鱿鱼干、干海参、蹄筋的干料的涨发。例如,木材在水中的膨润就是有限膨润。有的凝胶能无限地吸收溶剂,最后形成溶液,叫无限膨润。例如,明胶在水中的膨润就是无限膨润。

3)离浆和脱水

液凝胶久置时,会出现体积缩小,并有水或水溶液渗出,这种变化叫离浆。离浆实际上就是液凝胶向干凝胶自动转化的一种现象。液凝胶中自由水多,凝胶网络塑性大,可流动,所以,其内部的水分会扩散、转移,使凝胶网络趋向更稳定的状态。例如,肉冻久置后会发现固形部分与水开始分层,这就是离浆。又例如,豆腐在室温下自动脱水干燥也是这种现象。

液凝胶也可通过外力脱水转变为干凝胶,如用压力挤压豆腐,使之结实,或者加热烘干成豆干制品等都是液凝胶向干凝胶转变的例子。

(四)蛋白质的起泡性及稳泡性

1. 泡沫和起泡性

泡沫是气体分散在黏稠液体或半固体中形成的分散体系。其中,气体是分散相,液体是分散介质。常见的食品泡沫有蛋糖霜、蛋泡、蛋糕、蛋糕的其他饰料、啤酒泡沫、冰淇凌、面包及烹饪加热奶、豆浆和肉类的泡沫热凝物等。产生泡沫的途径有:鼓泡法(如利用气喷头和加热含溶解气体的液体)、突然解除预先加压于溶液的压力(如啤酒泡沫)、搅打(搅拌)或振摇法(如打蛋泡)。

起泡性是指液体在外界条件作用下,生成泡沫的难易程度;泡沫的稳定性(稳泡性)是指泡沫生成后的持久性,即泡沫寿命的长短。液膜能否保持恒定是泡沫稳定的关键，这就要求液膜有一定强度，能对抗外界各种影响而保持不变。蛋白质、皂素以及其他类似物质的水溶液有很高的表面黏度，所以，可以形成相当稳定的泡沫，甚至有些泡沫的表面膜具有半固体性质，如蛋糖霜，这种泡沫是不容易破灭的。

2. 食品蛋白的起泡性

蛋白质能降低表面张力，形成具有一层粘结、富有弹性而不透气的蛋白质膜，能较长时间保持泡沫不破灭。另外，蛋白质在液膜中的存在大大提高了液体的黏度，液体的流动性减小，对泡沫的稳定也有益。例如，加热煮沸汤时，能形成许多泡沫，这就是因为加热使蛋白质变性，它的疏水部分与气体相接触，亲水部分仍在水中，而且变性又使蛋白质分子间凝固在一起，包裹一些气体，形成了泡沫。

蛋清蛋白在搅打时，混进空气泡后，被吸附在气泡表面的蛋白质分子发生变性，导致界面膜的形成，呈现出起泡性，随着搅打泡膜增厚、硬化而稳定。所以，蛋白质不仅有起泡性，更重要的是还有稳泡性。

具有良好发泡性质的蛋白质还有血红蛋白、血清蛋白、乳清蛋白、明胶、酪蛋白、小麦蛋白（特别是麦谷蛋白）、大豆蛋白和某些蛋白质的低度水解产物。而蛋清蛋白，常作为比较各种蛋白起泡力的参照物。

糖类可稳定泡沫，但脂类会损害蛋白质的起泡性。在打蛋白发泡时，应避免含脂高的蛋黄。脂类、高级醇、脂肪酸及酯、酸、钙或镁盐、磷脂等都可作为消泡剂。

第三节　糖　　类

一、糖类的化学定义和分类

（一）糖的化学定义

从化学结构的特点来说，糖是多羟基醛、多羟基酮以及它们的缩合物。早期也采用碳水化合物这个术语。

（二）糖的分类

糖类分为单糖、低聚糖和多糖。

1. 单糖

单糖是不能水解的多羟基醛或多羟基酮，是其他糖类的基本构成单位。其分子可以是链状，也可以是环状结构（见图 2-5）。根据碳原子数目的多少，可将单糖分为丙糖（含三个碳原子的糖）、丁糖（四碳糖）、戊糖（五碳糖）、己糖（六碳糖）等。按羰基类型不同，单糖又可分为醛糖和酮糖。自然界以己糖分布最广。食品和烹饪加工中重要的单糖有：葡萄糖、果糖、甘露糖、半乳糖、核糖和山梨糖等，其中除核糖外，都是己糖。

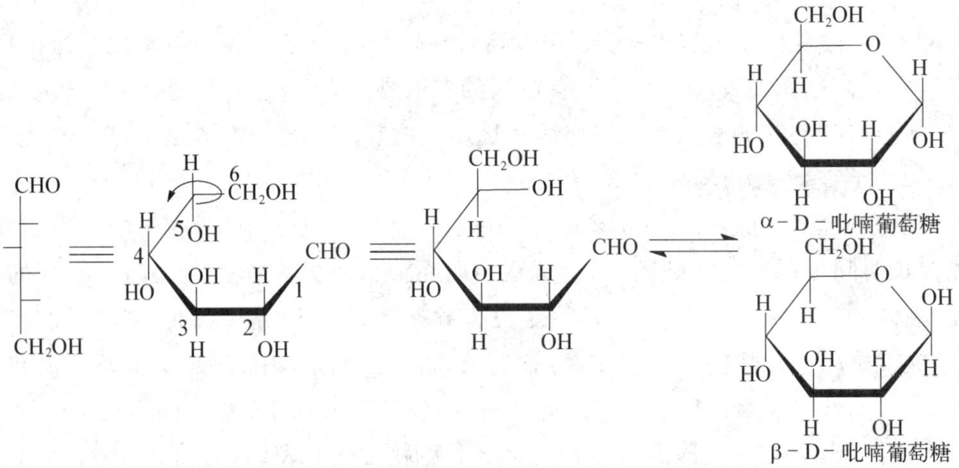

图 2-5 D-葡萄糖链状、环状分子结构示意

2. 低聚糖

低聚糖又叫寡糖,是由 2～10 个单糖分子脱水缩合,通过糖苷键(甙键)生成的化合物。它们完全水解后可得到相应分子数的单糖。低聚糖根据聚合度的不同又分为二糖(双糖)、三糖、四糖等,其中以二糖的分布最广,以蔗糖、麦芽糖和乳糖最为重要。

3. 多糖

多糖又称高聚糖,是由几十个或几千个单糖及其衍生物脱水缩聚的产物,因此它们是高分子化合物,水解后可得到一系列聚合度较低的寡糖或其组成单糖。根据组成单糖的种类不同,多糖又可分为同多糖(多糖分子由同一种单糖组成,例如淀粉、纤维素、糖原等)和杂多糖(由两种或两种以上的单糖及其衍生物组成,例如半纤维素、果胶、琼胶、黏多糖、魔芋甘露聚糖等)。食品中重要的多糖有淀粉、纤维素、半纤维素、果胶以及一些在食品中广泛作为凝固剂来使用的植物胶质。另外,氨基多糖、微生物多糖也在食品中存在。

二、低分子糖类的性质及在烹饪中的应用

低分子糖类(即相对分子质量不超过 10 000 的单糖和低聚糖)在烹饪中的应用主要表现为着色、保存、赋型和调味四个方面。这些应用的基础是它们的理化性质。

(一)糖的强亲水性和高溶解性

糖分子含有大量羟基,与水能够形成氢键,所以它们是强亲水性物质。而且,单糖和低聚糖是低分子物质,因此各种糖都能溶于水,特别是食品和烹饪中常见的单糖和低聚糖,其溶解度高,能够形成高浓度的溶液,这在食品有机成分中是罕见的。糖的溶解度主要受温度影响,而与酸、碱、盐等电解质关系不大。可参见表 2-8。

糖在食品和烹饪中保存、赋型和调味的应用原理就是利用它们的强亲水性、高溶解度。

表 2-8 三种糖的溶解度

温度 糖	20℃		30℃		40℃		50℃	
	浓度 /%	溶解度 /g /100 g 水	浓度 /%	溶解度 /g /100 g 水	浓度 /%	溶解度 /g /100 g 水	浓度 /%	溶解度 /g /100 g 水
果 糖	78.94	374.78	81.54	441.70	84.34	538.63	86.94	665.58
葡萄糖	46.71	87.67	54.84	120.46	61.89	162.38	70.91	243.76
蔗 糖	66.60	199.4	68.18	214.3	70.42	238.1	72.25	260.4

1. 甜味功能

甜味是低分子量糖的重要性质,但甜味的根本在于这些糖具有的高溶解度。因为高溶解度能够形成高浓度的溶液,这是产生甜味味觉的基础。具备高溶解度、高溶解速度的糖,其甜味纯正、灵敏,很快达到最高甜度,而且甜味消失迅速。常用的几种糖基本上符合这些要求。

2. 保存功能

糖溶液因为浓度可以达到很高,在糖渍食品中渗透压大,能防止微生物生长,而且固体糖的吸湿性也能够降低密实食品组织的自由水含量,对食品的保存具有重要作用。从表 2-8 可看出,在室温附近时,果糖和蔗糖浓度都较高,可以防止微生物的生长。

3. 赋型调质功能

糖类亲水功能的另一个重要应用是对面团结构进行改良。低分子糖溶液浓度愈大,黏度也愈大。例如,面包、糕点类食品要求保持松软,而饴糖、玉米糖浆或转化糖等有较强的吸湿性,对保持糕点的柔软性和贮存具有重要作用。面团中加入糖浆,由于糖的吸湿性和高亲水性,会产生反渗透作用,从而降低面粉蛋白质胶粒的胀润度,限制面团中面筋的形成,使弹性减弱。在点心生产蛋糖霜中大量用蔗糖来增大黏度,稳定蛋泡。根据实验,蔗糖的黏度在低温阶段(20℃～70℃)随温度升高而降低,但继续升温黏度上升,尤其在饱和、过饱和溶液时,其黏度随温度升高而迅速升高,产生胶质状糖膏,在烹饪中可利用此特性来穿糖衣、挂糖霜、拔丝等。

(二)焦糖化反应

1. 焦糖化反应的概念

糖类在没有氨基化合物存在下,加热至其熔点以上时,会变为黑褐色的深色物质,并产生特别的香气,这种作用称为焦糖化反应。焦糖化反应的结果生成两类物质:一类是糖脱水聚合物,俗称焦糖或酱色;一类是降解产物,主要是一些挥发性的醛、酮等(见图 2-6)。它们将给食品带来悦人的色泽和风味(如油炸食品、焙烤食品等),但若控制不当也会给制品带来不良

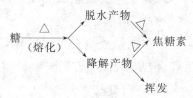

图 2-6 焦糖化反应图示

影响。

2. 影响焦糖化反应的因素

影响焦糖化反应的因素主要是糖的种类、加热温度、pH 和共存物。

一般晶体糖的焦糖化反应明显,还原糖易氧化,焦糖化产物对食品品质不好,高分子量的淀粉等多糖无明显焦糖化反应。不过,所有糖在强热下都会脱水、炭化。

温度偏高时,以裂解反应为主,焦糖香味浓烈;温度偏低时,以脱水反应为主,不过对颜色并无较大影响。烹饪加工中要使熬制的糖在色、香、味方面俱佳,应该利用焦糖化反应在不同温度下反应不同这一特点。

pH 值对焦糖化反应的影响效果明显。碱性时,焦糖化快,焦糖化过程中分解产物增多,对气味影响大。强酸性时,糖不经加热也能褐变,焦糖化脱水反应更快,对迅速上色有好处。

铵盐、有机酸、金属离子(如铁离子、铜离子)等均能催化焦糖化反应,氧的作用不明显。

3. 焦糖化反应在烹饪中的应用

首先,焦糖化反应是食品加热时褐变的主要原因之一,能使食品颜色变深。烹饪中通过提高加热温度来为菜肴增色,焙烤、油炸、煎炒中食品的着色变化等都是利用的这个原理,给烤制品涂糖液、烹饪中的走红等更是直接利用焦糖化反应,烤鸭、烤乳猪等深色菜肴表面的着色,炒咖啡中特殊香气和深色的形成也都与焦糖化反应关系密切。

其次,焦糖化反应也产生焦糖香气香味,对改善食品风味起重要作用。

最后,焦糖化反应还能改善食品质构,减少水分,增强食品抗氧性和防腐能力。

(三)羰氨反应

1. 羰氨反应概述

羰氨反应是羰基化合物与氨基化合物经过脱水、裂解、缩合、聚合等反应,生成深色物质和挥发性成分的一系列反应的总称,也称为美拉德反应。食品中的羰基化合物与氨基化合物广泛存在,几乎所有食品中都含有以上的成分,所以食品都有可能发生美拉德反应。食品中的羰基化合物包括单糖以及因多糖分解或脂质氧化生成的羰基化合物,氨基化合物包括游离氨基酸、肽类、蛋白质、胺类等。

2. 羰氨反应的过程和产物

羰氨反应的反应机制和过程复杂,分为三个阶段。

1)初期阶段

这是羰氨反应开始时的化学反应阶段,主要特征为有少量水分产生,pH 值也下降,但从食品宏观现象来看,并无多大变化,没有色素产生。

2)中期阶段

初期阶段的产物不稳定,要进一步反应,此时有明显的气味产生,还原物增多,但颜色仍未明显变化。对于初期反应生成的产物，它在中期阶段通过三条途径产生羟甲基糠醛、还原酮、氨基还原酮等物质。氨基还原酮还可生成吡嗪类物质（加热香味的主要成分和特征成分）。其形成过程为：

$$R_3C-NH_2 \quad + \quad HO-CR_4 \quad \xrightarrow{\triangle} \quad \text{吡嗪} \quad +2H_2O$$

吡嗪

3）终期阶段

这个阶段通过缩合反应形成高分子量的有色物质——类黑色素，它是中期阶段各种产物的随机缩聚产物，而且往往与蛋白质中赖氨酸共价交联，形成含蛋白质的黑糊精。这个阶段最明显的特征是颜色迅速变深，不溶物增加，黏结性增大。

3．羰氨反应对食品品质的影响以及在烹饪中的应用

羰氨反应可以给食品与菜肴的色泽、风味、营养价值等品质带来深刻的影响，这些影响有好有坏，其主要表现如下。

1）羰氨反应是食品与菜肴褐变的主要类型

加热食品的上色机制主要就是羰氨反应，如烤面包、烤制干货、炒料、炸煸类菜肴等，但有些食品会因羰氨褐变带来品质下降，如奶粉等需久储食品的颜色变劣就与它有关。

2）羰氨反应是食品与菜肴风味产生的主要化学反应

通常由于加热（如焙烤等）会产生一些特征风味物质。例如，在焙烤面包、点心、烧饼时常要刷蛋脸，以促进其着色，产生光泽并且获得诱人的焙烤香气。又如，当还原糖同氨基酸、蛋白质或其他含氮化合物一起加热时发生羰氨反应产生褐变产品，例如酱油与面包皮。

3）羰氨反应是食品加工中主要的工艺化学反应

羰氨反应对食品质构（如水溶性、粘结性和固型）起到一定作用，同时它能提高食品稳定性，增强食品抗氧化能力，因为羰氨反应褐变中间产物（如醛）以及最终产物——类黑色素都具有一定的抗氧化作用，可抑制油脂的氧化。

4）羰氨反应对食品营养价值、安全性有直接的、重大的影响

应该看到食品加热后，色、香、味、型的确改善了，但由于羰氨反应使氨基酸受损，往往又导致食品的营养卫生水平降低。羰氨反应对食品中最重要的必需氨基酸——赖氨酸有很大的破坏作用，而且蛋白质分子被交联粘结，造成营养吸收受到阻碍。另外，羰氨反应不仅影响蛋白质，还严重影响糖、脂等营养成分。羰氨反应中产生的某些物质，如对人体有致突变作用的杂环胺、丙烯酰胺等，是对人体健康

的威胁之一。

总之,烹饪中在利用羰氨反应来改善食品色、香、味等感观质量的同时,更要照顾到食品的营养卫生水平,提倡科学的烹饪方法。

4. 羰氨反应的影响因素和控制

可以通过控制反应物和环境的 pH、温度、水分及添加某些褐变阻剂来影响和控制羰氨反应。

1)温度的影响

羰氨反应受温度影响比较大,温度每差 10℃,其褐变速度差 3～5 倍。烹饪中火候的控制对菜肴色香味的影响很大,这与温度影响羰氨反应有关。一般来说,因反应速度受温度变化影响大,所以在技术上准确控制羰氨反应较困难,这也是烹饪中火候难控制的原因之一。

羰氨反应一般在 30℃ 以上褐变较快,当温度在 80℃ 时,不论有无氧存在其褐变速度相同,而 20℃ 以下则进行较慢,在 10℃ 以下能较好地抑制反应,所以许多食品可用冷冻保存。不过,有些食品,特别是油脂类食品,在冻藏时,因局部浓缩效应,仍要褐变,如鱼肉、乳品、蛋粉等。

2)pH 值的影响

在 pH 4～9 范围内,羰氨反应随 pH 值的增加而加快,pH 值过高或过低,都不易褐变。在 pH 6～7 时,最适宜羰氨反应,这恰好是大多数食品的 pH 值。泡菜因 pH 值低,不易褐变,即使炒泡菜也不易褐变。

3)水分的影响

羰氨反应需在有水存在的条件下进行,水分在 10%～15% 时最容易发生,完全干燥情况下,褐变反应难进行。容易褐变的奶粉或冰淇凌粉的水分需控制在 3% 以下才能抑制褐变反应。而液体状食品,虽水分较高,可能由于基质浓度较低,其褐变反应较缓慢。

4)褐变阻剂

一些物质能抑制羰氨反应,起到防止食品褐变的作用,这类物质叫褐变阻剂。最常用的是亚硫酸盐、酸式亚硫酸盐等。一些钙、镁盐有时也作为抑制羰氨反应的试剂,主要是利用氨基酸与 Ca^{2+} 或 Mg^{2+} 能形成不溶性盐来阻止与羰基的接近从而避免反应。

三、淀粉的性质及在烹饪中的应用

(一)淀粉的结构

淀粉由直链淀粉和支链淀粉两部分组成,一般是由约 20% 的直链淀粉和约 80% 的支链淀粉组成的混合物。其比例因食品种类和来源的不同而不同。直链淀粉和支链淀粉的结构单位都是 α-D-葡萄糖。

1. 直链淀粉的结构

直链淀粉的分子是由许多 α-D-葡萄糖经过 α-1,4-苷键反复连接而成的线形高分子化合物,其结构如下:

$$CH_2OH \quad CH_2OH \quad CH_2OH \quad CH_2OH$$

直链淀粉分子的聚合度为 $300 \sim 1\,000$,其相对分子质量为 5×10^4 万 $\sim 20 \times 10^5$ 万。天然直链淀粉分子的空间结构并非是完全伸展成直线形的,而是卷曲成螺旋状的,结构比较紧密。

2. 支链淀粉的结构

支链淀粉的分子中有一个较长的主链,在主链上又分出许多支链。主链、支链的葡萄糖之间都以 α-1,4-糖苷键相连接,但分支处为 α-1,6-苷键,其结构如下:

α-1,6-苷键

支链淀粉分子的聚合度较大,在 $1\,000 \sim 6\,000$ 之间,所以,一般支链淀粉的相对分子质量比直链淀粉大得多。支链淀粉分子的结构和形状如图 2-7 所示。

(二) 淀粉的存在状态

淀粉是存在于植物中的一种贮藏多糖,食品中的淀粉主要来自谷类、薯类和豆类。淀粉在植物贮能器官(块根、块茎、果实、种子等)中以淀粉粒的形态存在于植物细胞中。天然淀粉呈颗粒状,不同植物种类的淀粉粒的形状和大小各不相同,大体上有卵形、圆球形、椭圆形和多角形等几种,直径在 $2 \sim 150~\mu m$ 之间。

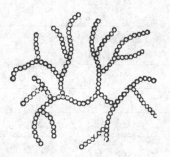

图 2-7 支链淀粉
结构示意

(每一个圆圈代表一个葡萄糖单位)

Peng Ren Hua Xue

如马铃薯的淀粉粒呈卵形、小麦淀粉粒呈球形、大米淀粉粒呈多角形。其中以马铃薯淀粉粒最大（20～120 μm），大米淀粉粒为最小（2～10 μm）。

一般来说，如马铃薯一样的地下淀粉多为大而圆滑的颗粒，比较疏松，含较多的无机盐，特别是磷酸盐；而如大米一样的地上淀粉多为小且有棱角的颗粒，比较紧密，含较多的蛋白质，这一点与其生物合成条件有关。

淀粉粒中，除含有淀粉外，还含有蛋白质、无机盐等成分，其中，直链淀粉主要在淀粉粒内部，支链淀粉在外层，像网一样地将直链淀粉与其他物质包裹在里面。在黏性较大的植物如糯米中，就含有较多的支链淀粉。淀粉粒中的淀粉大多数是宏观上无序的无定形状态，但有些淀粉分子排布得比较有序，形成一定的晶体结构，它们是淀粉粒结构最稳定的部分。

（三）淀粉的性质

淀粉为白色粉末，是无定形态物质，在加热制熟前，人体不易消化，这种淀粉具有晶体结构，称为生淀粉（β-淀粉）。生淀粉以淀粉粒形态存在，在凉水中吸水性小、分散性差，它与冷水混合的体系，如湿淀粉、勾芡挂糊用的水豆粉等，实际上是淀粉并未完全溶解，仅是分散于水中的一种悬浮液状态。

糊化后的淀粉又称α-淀粉，即烹饪加工后的"熟"淀粉。淀粉的糊化又叫"α-化"。淀粉和淀粉糊的一般性质可见表2-9。

表2-9 一些淀粉颗粒和淀粉糊的一般性质

性　质	普通玉米淀粉	蜡质玉米淀粉	高直链玉米淀粉	马铃薯淀粉	木薯淀粉	小麦淀粉
颗粒大小（主轴）/μm	2～30	2～30	2～24	5～100	4～35	2～55
相对黏度	中等	中等高	非常低	非常高	高	低
淀粉糊流变性质	短	长（黏）	短	很长	长（黏）	短
淀粉糊透明度	不透明	非常轻微混浊	不透明	清澈	清澈	不透明
胶凝与老化倾向	高	非常低	非常高	中至低	中等	高
脂肪/%	0.8	0.2	—	0.1	0.1	0.9
蛋白质/%	0.35	0.25	0.5	0.1	0.1	0.4
磷酸/%	0.00	0.00	0.0	0.08	0.00	0.00
风　味	谷物（稍微）	清香味	—	轻微	清淡	谷物（稍微）

淀粉在食品中最重要的化学性质是水解。淀粉易水解，在水中加热或加入酸，淀粉能完全水解为D-葡萄糖。与蛋白质水解一样，淀粉水解也是一个逐步进行的

过程,其不同水解程度的产物,可从下列反应过程中看出。

淀粉——→糊精(紫色糊精——→红色糊精——→无色糊精)——→麦芽寡糖(三糖、二糖)——→葡萄糖
　　　　　高分子产物:胶体性(黏稠)、还原性　　　　　低分子产物:甜味性、发酵性、
　　　　　　　　　　　　　　　　　　　　　　　　　　　　　　还原性、结晶性

　　糊精是淀粉不同水解程度的产物,有还原性,能溶于水,具黏性。麦芽糖又称饴糖,是淀粉水解成具有甜味成分的一个标志。淀粉糖浆实际上就是淀粉不完全水解的高分子和低分子产物的混合物,包括葡萄糖、低聚糖和各种糊精。这种混合物在食品中有广泛应用,它一方面有甜味,另一方面又有一定黏性,控制好不同的水解程度,就可得到所需的甜性、黏性等品质。淀粉酶能高效、快速地水解淀粉。

　　(四)淀粉的糊化

　　1. 淀粉糊化的概念和本质

　　天然淀粉在水中加热到一定温度时,形成有黏性的糊状体(胶体),这个现象称为淀粉的糊化。发生糊化时所需的温度称为糊化温度。糊化作用的本质是淀粉颗粒中的淀粉分子之间的氢键断裂,分散在水中形成亲水胶体溶液。

　　2. 淀粉糊化在烹饪中的应用

　　淀粉糊化,又称淀粉"α-化",是粮食、薯类等高淀粉含量食品在烹饪加工中最重要的变化。煮饭、蒸馒头、烤面包等加工过程,都有淀粉糊化作用发生。可以说,淀粉类食品的"生熟"主要就是根据其糊化的程度来判断的。随着糊化作用的进展,晶体淀粉的结构逐渐失去,淀粉分子之间存在大量的水,淀粉分子呈零散的、扩张的状态,因此易受淀粉酶的作用,人体才容易消化它们。例如,生的面粉和熟的饼干,虽然都缺乏水分,但两者入口后吸水变软、溶解化渣的快慢及难易程度明显不同,因此前者是生的,后者是熟的。

　　糊化淀粉与水形成的淀粉胶体具有黏性,实际中可作为糨糊来粘结物品。淀粉糊还具有进一步吸附别的分子的能力,也有一定的透明性、胶凝性等。这些特性使淀粉糊化在烹饪中有广泛的工艺应用。例如,用淀粉来挂糊、上浆、勾芡以及制作粉丝、粉皮、凉粉等。

　　3. 影响淀粉糊化的因素

　　影响淀粉糊化的因素包括淀粉自身的特点、加工条件。

　　1)淀粉自身特点

　　淀粉粒的大小、密实程度和直链淀粉、支链淀粉的含量比例是影响淀粉糊化最重要的因素。一般来说,地下淀粉和支链淀粉容易糊化,而且糊化后的黏稠性可以很快达到最高。

　　2)加工条件

　　在加工中很多因素会影响淀粉的糊化作用,这些因素有加热温度和加热方式、

水、共存物等,其中,糊化的必要条件是水和热。

(1)加热温度。

淀粉糊化中,涉及晶体淀粉的瓦解,所以糊化时的加热温度必须要达到其"熔点",这个温度称为糊化温度(见表2-10)。因各种淀粉粒的大小不同,所以淀粉的糊化温度是一个温度范围。

表2-10 淀粉的糊化温度

淀 粉 种 类	糊化温度/℃		
	开 始 糊 化	中 间	完 全 糊 化
马铃薯	59	63	68
甘 薯	58	74	83
玉 米	62	67	72
小 麦	48	61	64
大 米	68	74	78
高 粱	69	—	75

(2)水。

在常压下,水分在30%以下时难以完全糊化,这是由于先糊化的部分吸收周围的水分,使后糊化的部分水分不足的缘故。淀粉糊化是无限溶胀(即溶解),水量没有上限,因此,煮饭的关键就是控制好加入的水量,水多,米饭自然就软。

(3)温度和水的共同作用效应。

淀粉糊化温度不是固定不变的,它与淀粉中含水多少有关。当淀粉中含水多时,糊化温度会降低;当淀粉中含水少时,糊化温度会增高。当含水量很少,水分几乎都为结合水时,糊化温度会超过100℃,甚至个别品种,如干高直链品种的玉米籽中的淀粉,糊化温度会达到160℃以上。

烹饪加工中,可以利用强热或干热方法来加工这些淀粉。油炸、烘焙等干热加工时,淀粉原料会出现膨化现象,例如爆玉米花、炸虾片,这是因为它们的糊化温度高于水的沸点,所以,当温度超过100℃但未达到其糊化温度时,大量水汽被限制在紧密组织的内部,当温度继续升高到糊化温度时,因糊化,紧密组织松弛,在水汽的高压下便会膨胀。

(4)共存物。

食品中存在的脂类以及与脂类有关的物质(脂肪酸等),也会影响淀粉的糊化。例如,面包中的脂肪含量低,其中96%的淀粉可被完全糊化,馅饼皮和烤饼是高脂肪、低水分食品,其中含有大量未糊化的淀粉。

添加糖可以降低淀粉糊的黏度和凝胶强度。蛋白质发生变性放出了所持有的水分,所以对淀粉的糊化作用抑制很弱。添加酸可降低淀粉糊的黏度,也就是降低淀粉在烹饪中的增稠能力。碱有助于淀粉的糊化,强碱在常温下就可使淀粉糊化。例如,煮粥的过程中添加少量碱就可以使淀粉的糊化更加容易和充分。

(五) 淀粉的老化和胶凝

1. 老化的概念与实质

糊化了的淀粉糊在室温或低于室温下放置后,硬度会变大,体积缩小,会变得不透明,甚至凝结而沉淀,这种现象称为老化,也叫凝沉作用。如面包、馒头等在放置时变硬、干缩,主要就是因淀粉糊老化的结果,行业上叫"返生"。老化作用的实质是:糊化后的淀粉分子逐渐地、自动地由无序态排列成有序态,相邻淀粉分子间的氢键又逐步恢复,排挤出其中的一些水分,失去与水的结合,从而形成致密且高度晶化的淀粉分子束。

2. 淀粉的胶凝现象

糊化的淀粉,当温度下降后,如果其直链淀粉分子能比较迅速地相互联结起来形成三维网状结构,将水、支链淀粉、未完全崩解的淀粉粒等包围起来,就可以形成淀粉凝胶。这个现象称淀粉的胶凝作用。烹饪中制粉工艺的原理就在于此。支链淀粉因空间位阻反而彼此间难以规则地联结起来,所以,制作粉丝、粉皮和凉粉要选择直链淀粉占一定比例的原料品种,如绿豆等。特别要注意的是:淀粉的胶凝和淀粉老化是不同的概念,前者凝集的程度比后者低,而且后者的凝集是杂乱的,且有水分溢出。

3. 老化与糊化的关系

老化过程可看作是糊化的逆过程,但是老化不能使淀粉彻底复原到生淀粉(β-淀粉)的结构状态,它比生淀粉的晶化程度低。图2-8显示了老化与糊化的关系。

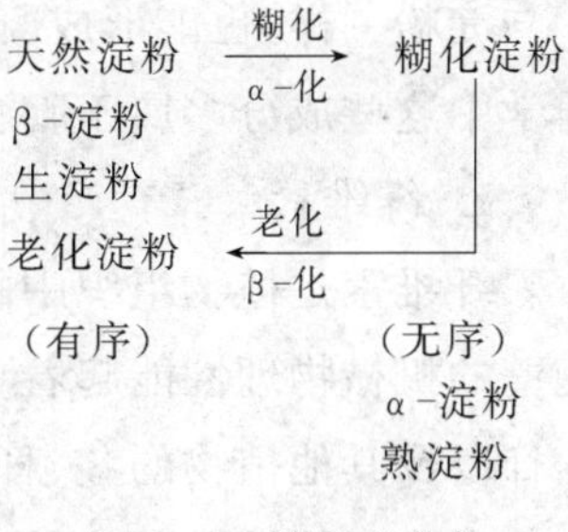

天然淀粉　　糊化
β-淀粉　━━━→　糊化淀粉
生淀粉　　 α-化

老化淀粉　　老化
　　　　 ←━━━
　　　　 β-化

(有序)　　　　(无序)
　　　　　　　α-淀粉
　　　　　　　熟淀粉

图2-8　淀粉老化与
糊化的关系

4. 影响淀粉老化的主要因素

淀粉的老化受淀粉的种类、组成、含水量、温度、共存物质等因素的影响。一般来说,有利于糊化的因素不利于老化。

1) 淀粉的种类

一般是直链淀粉较支链淀粉易于老化。直链淀粉越多,老化越快。支链淀粉老化则需要较长的时间,所以含支链淀粉多的糯米或糯米粉制作的食品,不容易发生老化现象。一般地上淀粉(如玉米、小麦中的淀粉等)较地下淀粉(如马铃薯、甘薯中的淀粉等)容易老化。常见淀粉老化顺序为:

玉米＞小麦＞甘薯＞土豆＞木薯＞黏玉米

例如,绿豆淀粉含直链淀粉达33％,是制作优质粉丝的好原料,由于该淀粉易

于发生老化,因而产品抗煮,有较强的韧性,表面富有光泽,加热后不易断碎,口感有韧劲。

2）含水量

食品含水量在30％～60％时最易老化。多数烹调的熟食含水量均在易老化的这个范围内。例如,面包含水量为30％～40％,馒头含水量为40％～55％,米饭含水量为60％～70％,当食品冷却后,它们会出现"返生"现象,使口感变硬。含水量在60％～70％以上时,老化变慢。例如,稀粥中的淀粉就难老化。食品的含水量低于10％～15％时,可看作是干燥状态,淀粉此时基本上不发生老化。例如,饼干含水量一般低于5％～7％,若密封保存,较长时间也不会发生老化,仍保持酥脆;吸潮以后,虽保存时间较短,也会变得僵硬。方便面和方便米饭的制作中就利用了这个原理,即将糊化了的米或面,急速脱水,这样既可以在较长时间内保存,又不易发生老化。

3）温度

老化作用最适宜的温度为2～4℃,大于60℃或小于－20℃都不发生老化,如速冻饺子、速冻包子就是依据此原理。

四、烹饪加工中的其他多糖

食品中的其他多糖主要有纤维素、半纤维素、膳食纤维、果胶质、植物胶质,它们与淀粉一样,也能形成凝胶或溶胶,但与淀粉不同,它们大多无营养价值。在营养学中这些成分多属于膳食纤维的范畴。

1. 纤维素

纤维素是植物组织中的一种结构性多糖,是组成植物细胞壁的主要成分,对细胞壁的机械物理性能起着重要作用。植物中以棉花含纤维素最多,麻、木材、稻草、麦秆以及其他植物的茎、秆中都含有大量的纤维素。

纤维素的结构单位是β-D-葡萄糖。它和直链淀粉一样,是无分支的链状分子,但结构单位之间以β-1,4-苷键结合。纤维素的结构如下:

$$\beta-1,4-苷键$$

纤维素是白色纤维状固体,不溶于水,但能吸水膨胀。纤维素水解比淀粉困难得多,人的消化道不能消化纤维素,但食草动物却能消化它,因为在食草动物的消化道里,有一种特殊的微生物能够分泌出纤维素酶。

2. 半纤维素

半纤维素是一类细胞壁多糖,与纤维素、木质素、果胶物质共存于植物细胞壁中。半纤维素大量存在于植物的木质化部分,如秸秆、种皮、坚果壳、玉米穗轴等,其含量依植物种类、部位、老嫩而异。食品中最普遍存在的半纤维素是木聚糖、阿拉伯木聚糖,其次还有木糖葡聚糖、半乳糖甘露聚糖等。半纤维素能提高面粉结合水的能力,且有助于蛋白质与面团的混合,增加面包体积和弹性,改善面包的结构,延缓面包的老化。

3. 植物胶质

植物胶质是一类从植物中提取的具有胶黏性质的水溶性多糖,它们都能形成凝胶,在食品工业广泛用于食品增稠和凝固,在烹饪中,也愈来愈多地使用它们。例如,阿拉伯胶、黄芪胶、罗望子胶、刺梧桐胶、瓜尔豆胶等都可作增稠剂。

烹饪中使用得最多的是一些海藻胶类,特别是琼胶。琼胶俗称凉粉、洋菜,也叫琼脂,是得自石花菜属及其他多种海藻的一种多糖胶质,为无色、无定形固体,可吸水膨胀。琼胶是糖琼胶和胶琼胶的混合物。琼胶不溶于凉水而溶于热水,1%溶液在35~50℃可凝固成坚实凝胶,熔点在80~100℃,可反复熔化与凝固。

琼胶主要用作稳定剂、胶凝剂和增稠剂。烹饪中的各种冻,主要就是用琼胶制作的;琼胶添加于冷冻食品中能改善食品质构,防止脱水收缩;利用其胶凝性质可制造琼脂软糖;添加于果汁饮料、果酱及其汤汁中可增加黏度;在焙烤食品和糖衣中可控制水分活度和推迟陈化;在干酪中能起到稳定作用和形成适宜的质构。

第四节 脂 类

一、脂类概述

(一)脂类的化学概念和分类

脂类是由一大类溶于有机溶剂而不溶于水的生物物质的总称。脂类分脂肪和类脂。脂肪的化学结构是三酰甘油(甘油三酯)。类脂主要有磷脂、固醇、蜡质等,在营养和食品中比较重要的有磷脂中的卵磷脂、脑磷脂,固醇中的胆固醇、植物固醇。有时,把溶解于脂肪的色素、维生素、高级醇等也归入类脂中。

食用油脂为各种脂肪的混合物,同时还含有少量磷脂和色素等成分。习惯上将室温下呈液态的叫做油,呈固态的叫做脂,统称为油脂或脂肪。

供食用的食品脂有两种存在形式:一种是从植物和动物中可分离出来的"可见脂",它们具有油腻口感,例如,奶油、猪油、起酥油、色拉油。高等动物体内,储存

Peng Ren Hua Xue

脂肪一般都储存于皮下结缔组织、大网肠、肠系膜等处。另一种是作为基本食品的"隐性脂",它们不容易分离出来,一般不具有油腻口感。例如,乳、豆浆、干酪和肉中的脂肪就是这种状态。

（二）脂类的组成和分子结构

脂肪由甘油和脂肪酸构成。甘油即丙三醇,它与脂肪酸形成的酯,就是脂肪(真脂)。天然油脂都是各种三脂酰甘油分子组成的复杂混合物,有时,还可能存在二酯酰甘油分子和单脂酰甘油分子。甘油三酯的形成及结构见图2-9。

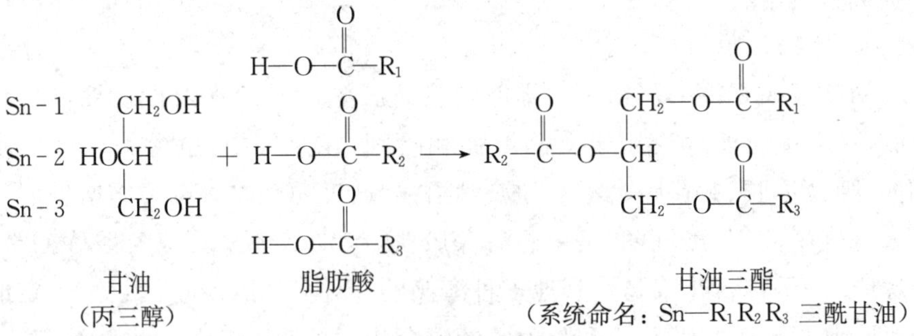

$$
\begin{array}{ccccc}
 & & & O & \\
 & & & \parallel & \\
 & & H-O-C-R_1 & & \\
Sn-1 & CH_2OH & & O & \\
 & & & \parallel & \\
Sn-2 & HOCH & + & H-O-C-R_2 & \longrightarrow \\
Sn-3 & CH_2OH & & O & \\
 & & & \parallel & \\
 & & H-O-C-R_3 & &
\end{array}
$$

甘油 　　　　脂肪酸 　　　　　甘油三酯
（丙三醇） 　　　　　　　　（系统命名：Sn—R₁R₂R₃ 三酰甘油）

图2-9　脂肪分子的形成和结构式

（三）脂肪酸的种类

不同的脂肪,其脂肪酸的种类及组合不同。不同脂肪酸主要是其R的大小、结构不同,即碳链的长度及不饱和双键的数目和位置不同。目前,已经发现构成脂类的脂肪酸有40多种。

根据脂肪酸碳链中有无双键,脂肪酸可分为无双键的饱和脂肪酸和有双键的不饱和脂肪酸。不饱和脂肪酸,传统上分为单不饱和脂肪酸(MUFA)、多不饱和脂肪酸(PUFA)。目前,不饱和脂肪酸根据其代谢特点,分为四类:n-3系列、n-6系列、n-7系列和n-9系列(其中n是指从末端编号,例如n-3即末端第3位,有时也用ω代替n);每类可由其母体脂肪酸衍生出其他脂肪酸,而各类之间不能相互转化。

根据脂肪酸碳链的长短,脂肪酸也分为中、短链脂肪酸(也称低级脂肪酸)和长链脂肪酸(也称高级脂肪酸)。

1. 饱和脂肪酸

天然脂肪中的饱和脂肪酸绝大多数都是偶数碳原子,并且是直链的,只有少数例外。动植物脂肪中最常见的饱和脂肪酸是十六酸(软脂酸)与十八酸(硬脂酸),其次为十二酸(如月桂酸)、十四酸(如豆蔻酸)、二十酸(如花生酸)等。

2. 不饱和脂肪酸

动植物脂肪中含有很多不饱和脂肪酸,有的含有一个或多个双键,少数脂肪酸有三键。不饱和脂肪酸的化学性质活泼,稳定性差,很容易发生氧化反应。所以,不饱和脂肪酸对脂肪性质的影响比饱和脂肪酸要大得多。在动植物脂肪中常见的不饱和脂肪酸有 △9 - 十八碳烯酸（油酸）、△9,12 - 十八碳二烯酸（亚油酸）、△9,12,15 - 十八碳三烯酸（亚麻酸）等。

脂肪酸可以用符号缩写来表示。例如,△9,12 - 十八碳二烯酸（亚油酸）可写为 18：2(9,12),其中 18 表示总碳原子数,2 表示双键数目,9 和 12 代表双键的位置。

（四）类脂

类脂是指在某些理化性质上和脂肪相似的一类化合物,也是食物中比较重要的成分。

1. 磷脂

磷脂存在于大多数的动、植物之中,并且与油脂同时存在。卵磷脂是动、植物中分布最广的磷脂,存在于蛋黄、脑、大豆等植物种子中,因蛋黄中含量较多,故名卵磷脂。磷脂的化学结构与甘油三酯十分相似,是一种多元醇与脂肪酸和磷酸酯化而形成的化合物,其磷脂部分又顺次与一个碱性含氮化合物结合在一起。磷脂的通式如下：

$$CH_2-O-\overset{\overset{\displaystyle O}{\|}}{C}-R_1$$

$$R_2-\overset{\overset{\displaystyle O}{\|}}{C}-O-CH$$

$$CH_2-O-\overset{\overset{\displaystyle O}{}}{\underset{\underset{\displaystyle OH}{|}}{P}}-O-N_R$$

磷酸部分 ← 碱基

从磷脂的分子结构看,它具有典型的两亲性：一方面其碱基有亲水性;另一方面其脂肪酸烃基有憎水性,所以磷脂是一种表面活性剂,具有乳化功能,可作为乳化剂使用。

2. 固醇

固醇是一类不被皂化的结晶性中性醇,属于环戊烷多氢菲的衍生物。其中,胆固醇在食品中引起人们的关注。胆固醇性质稳定,熔点很高,不溶于水、酸或碱,而溶于乙醚、苯、丙酮等脂溶剂中。在烹饪及食品加工中胆固醇几乎不受破坏。胆固醇主要存在于动物组织中,在脑及神经组织中含量较高,其次是家禽肉、蛋类,此外,动物内脏及一些软体动物中也有一定的含量。

二、油脂的物理性质及在烹饪中的应用

食品用油脂主要有油炸油、速食油、黄油和起酥油等。它们在烹调中可以起调

香、调色、调味、调质和传热保温等功能。例如,油炸油或烹调油用于加热油炸和煎炒食品,要求口味纯正,热稳定性好;而速食油也称生食油、色拉油,要求熔点低(一般要求 3～5℃不析出固体脂),色淡透明无气味。这些油脂的性质和主要应用如下。

（一）感官性质

1. 色泽

单纯的脂肪及脂肪酸是无色的。动物性油脂中的色素物质含量较少,所以动物性油脂大多颜色较浅,如猪油呈乳白色。植物油脂大多溶解有胡萝卜素、叶黄素、叶绿素等脂溶性色素而呈一定颜色,如棉籽油为红褐色、橄榄油为黄绿色、大豆油为浅琥珀色、花生油为黄色、芝麻油为深黄色。加热或存放过久,油脂因酸败而变色。

2. 口感

正常的油脂具有滑润的油脂口感,且无异味。黏度小、比重小的液态油脂有"轻"的油脂味,一般都不使人生腻,但黏度大、比重大的液态油脂容易使人产生油腻感。不纯的油脂有一定的味道,特别是酸败油脂会有苦涩味、辣苦味或麻苦味。

3. 气味

烹饪中所用的各种油脂都有其特有的气味,这和组成脂肪的脂肪酸有关。含低级脂肪酸(C_{10}以下)的油脂多有挥发性气味。此外,气味还和油脂中所含有的特殊非脂成分的挥发性有关,如芝麻油中的芳香气味被认为是乙酰吡嗪,菜子油中的特有气味是甲硫醇。未经精制或脱臭不足的油脂可能常有各种各样的气味。另外,油脂长时间储存后,脂肪酸发生氧化酸败,分解生成低级的醛、酮、酸类,这时油脂就会产生出脂肪酸败所特有的"哈味",其食用价值和加工性能都大大降低。

（二）热学性能及应用

烹饪加工中,油脂的一个重要功能就是作为传热和保温的介质,这是烹饪中炒、炸、煎等方法的基础。

油脂在烹饪中能够作为传热介质来烹调食物的原因和特点主要是:

（1）油脂的烟点、燃点高,能够提供比水更高的加热温度和更宽的温度范围;

（2）油脂的比热和相变热小,所以在加热时油温上升快;

（3）热油脂作为容易流动的流体,能够通过对流方式来快速传递热源的热能;

（4）热油脂作为液体,具有渗透性,能够均匀地加热食品;

（5）油脂作为反水物质,对浸没在油脂中的含水食物的加热具有绝热效应,油中加热食品具有良好的脱水作用。

油脂在烹饪中具有良好的保温作用,这是指在 60～100℃的温度范围内,油脂比水散热慢。其原因主要是:

（1）在 60～100℃的温度范围,油脂的挥发性远远低于水;

（2）油脂汽化热远远小于水的汽化热；

（3）油脂具有疏水性，界面张力大，相对密度比水小，能够在食品表面或容器上层形成紧密的油层，起到"锅盖"效应；

（4）在60～100℃的温度范围，油脂的流动远远低于水，减少了对流散热；

（5）静止的油脂导热性能差。

油脂加热时，在三个温度点可发生明显的理化变化，而且能被人的感官察觉，这个特点可以作为油温判断的基本依据。这三个温度点分别是发烟点、闪点和燃点。

发烟点是指油脂加热到表面明显冒出青烟时的温度；闪点是指油脂在空气中加热发生不连续燃烧（即闪火苗）时候的最低温度；燃点是指油脂在空气中加热发生连续燃烧时的开始温度。

不同的油脂因组成的脂肪酸不同，它们的发烟点、闪点和燃点也不相同。纯度越低，油脂的这些温度点也低，其工艺质量越差。所以，精炼油脂比毛油发烟点高，这是因为精炼程度低的油脂含有游离的脂肪酸，有时还有外来物质及杂质，如淀粉、糖等，这些物质的存在都可以使油脂的发烟点降低。油脂长时间加热，会发生分解，产生一些低分子的醛、酮、酸等物质，导致发烟点下降。同一种油脂随着加热次数的增加，其发烟点愈来愈低。烹调油的闪点和燃点具有以下特点和规律：多数纯油脂的闪点比其发烟点高60～70℃；燃点又比其闪点高50～70℃。所以，一般纯油脂的闪点在250～300℃，燃点在310～360℃。对于烹调而言，闪点应该是可加热油脂的最高温度。实际上，烹饪油温的划分基础就是以这个最高温度为十成油温来进行的，所以每成油温为30～35℃。

一些油脂的发烟点、闪点和燃点如表2-11所示。

表 2-11　一些油脂的发烟点、闪点和燃点

油 脂 名 称	发 烟 点/℃	闪　　点/℃	燃　　点/℃
大豆油	195～230	282	323
橄榄油	167～175	225	310
菜子油	186～227	263	315
玉米油	222～232	275	343
棉籽油	216～229	262	340
猪　油	190	242	335

（三）固液性能及应用

一般脂肪在常温下是固液共存的一种混合物质，只有在远偏离常温时，油脂才真正表现为单一的物质状态。

1. 熔点、凝固点及雾点

温度升高,固体脂变成液态油,这时的温度称为熔点;温度降低,液态油变成固态脂,这时的温度称为凝固点。在某个温度点,油脂处于一定程度的熔化与凝固平衡状态,熔化与凝固是一种可逆的变化,即:

$$固态脂 \underset{降温}{\overset{升温}{\rightleftharpoons}} 液态油$$

油脂凝固后是微晶结构,油脂晶体存在着同质多晶现象,即一种晶体可形成许多种熔点不同的晶体。所以天然固体油脂不可能有敏锐的熔点和凝固点,仅有一定的熔点和凝固点的温度范围。烹饪常用油脂的熔点范围见表2－12。

表2－12　烹饪油脂的熔点

油　脂	熔　点/℃	油　脂	熔　点/℃
棉籽油	－6～4	椰子油	20～28
花生油	0～3	猪　油	36～48
大豆油	－18～－15	牛　油	43～51
菜子油	－5～－1	羊　油	44～55
芝麻油	－7～－3	奶　油	28～36

另外,脂肪还存在明显的过冷现象。例如,猪油的熔点为36～48℃,如果把它加热到48℃以上,猪油完全熔化,整体上是流动的液体,但当温度下降到48℃或更低,不会出现凝固现象,而必须要冷到更低温度才会凝固(猪油的凝固点是26～32℃)。这种在比熔点更低的温度下仍然是液态的现象就称为过冷现象。

过冷现象和同质多晶现象使得同种脂肪的凝固点常比熔点低1～5℃,其中过冷现象更为显著,猪油的冷却就是最好的例证,它能保持几小时的过冷现象。

油脂的熔点或凝固点温度的高低及温度范围的大小与油脂的分子组成有关。一般规律是,油脂中不饱和脂肪酸含量愈多,油脂的分子量愈小,熔点也愈低;油脂所含的脂肪酸种类愈多,熔点温度范围愈宽。

油脂的熔点影响着人体内脂肪的消化吸收率。熔点低于人正常体温37℃时,在消化器官中易乳化而被吸收,消化率可高达97％～98％;熔点在40～50℃时,消化率只有90％。

油脂雾点也称浑浊点,它是指加热熔化后油脂冷却变得浑浊不透明的温度点。雾点是判断油脂中含有的甘油酯、蜡质、高级醇类、长链烃类等在精制时是否被除去的指标。雾点以下油会失去流动性,因此,它也是具流动性的油脂的一个特征值。

2. 油脂的固液性及应用

油脂的熔点或凝固点决定了油脂的固体性和液体性。油脂的熔点高,其固体性大而液体性小。如果一个油脂的最低熔点都在室温以上,这样的油脂硬度大,油脂整体上稠度高。反之,油脂的熔点低,那么其固体性小而液体性大。如果一个油脂的最高熔点都在室温以下时,这样的油脂流动性大,冷却后固态的塑性大,油脂整体上稠度低。

烹饪中十分重视油脂的稠度、黏度、硬度等固液性能指标。例如,色拉油要求其稠黏度小,而起酥油既要有高的稠度,又要有合适的塑性和流动性。

在制作酥性面点时,油脂使点心酥脆,这是油脂固液体性能的综合效果,可称为油脂的起酥性。油脂起酥性主要表现为以下两个基本作用。

第一,油脂能控制面粉中蛋白质的膨润和面筋的生成量,减少面团的黏着性。在制作酥性面点时,当面团反复搓揉后,扩大了油脂与面团的接触面,使油脂在面团中伸展成薄膜状,最大范围内覆盖在面粉颗粒表面。显然,起酥油必须具有足够的塑性和适当的流动性才能发挥好这个功能。

第二,面团在反复搓揉中包裹进去大量的空气和水分,使制品在加热中因空气或水汽的膨胀而疏松。起酥油必须具有足够的稠度和适当的塑性才能正好既能够裹进更多的空气,又能够保持这些气体不过早逸出。

起酥油应该是具备恰当固液体性的油脂。猪油常用作为起酥油,但它容易酸败,所以实际生产中起酥油多是通过调配而成的。

（四）乳化性能

油脂是不溶于水的,但可以发生乳化作用,油脂形成乳状液而分散于水,或水分散于油脂中,这在烹饪中有广泛的应用。

1. 乳化和乳化液

互不相溶的两种液体,一种以小液珠(直径 $0.05 \sim 1 \ \mu m$)形式分散到另一种中去的现象称为乳化,形成的这种粗分散体系叫乳化液。其中,被分散的液体构成乳化液的不连续相(内相),分散介质构成连续相(外相)。当液珠直径大于 $0.1 \ \mu m$ 时,为蓝白、乳白不透明分散体系,与牛奶相同,所以称这种分散体系为乳化液。

食品中水和油是两种互不相溶的液体,它们能够形成各种乳化液。当内相是油时,称为水包油乳化液(O/W 型),例如,牛奶、奶汤、冰淇淋、肉糜等;当内相是水时,称为油包水乳化液(W/O 型),例如,奶油、油碟等。这两种乳化液的性质不同,在烹饪中各自有重要应用。例如,与油包水乳化液相比,水包油乳化液的外相中的水仍然可作为溶剂,因此口感无油腻味。另外,水包油乳化液黏度小,透明度高,能溶解呈味成分,从而在烹饪中可呈现"奶汤"的独特风味。

2. 乳化剂原理

因为水和油是互不相溶的液体,而乳化是油和水彼此分散,这个过程不能自动进行,形成的乳化液是不稳定的,分散的液珠会重新聚集,乳化液会自动向油和水彼此分离而破乳的方向变化。

乳化剂是能降低界面张力、增大乳化液稳定性的化学成分。乳化剂在分子结构上具有极性亲水基团如—COOH，—SO₃Na，—NH₂等和非极性疏水基团如脂肪烃链（—R）。因此它是两亲性物质，能够被界面吸附并降低界面张力，起到稳定乳化液的作用。

在蛋糕、面包、饮料、点心制作中经常使用乳化剂，其品种很多，如单甘酯、卵磷脂、硬脂酰乳酰乳酸钠（SSL）、蔗糖脂肪酸酯等。其中，卵磷脂是烹饪上用得最多的天然乳化剂，用于西餐凉菜沙拉的调味汁就是利用蛋黄卵磷脂的乳化性制成的，称为马乃司（蛋黄酱）。

另外，可溶性蛋白的乳化能力很高，特别在远离其等电点的 pH 值条件下乳化作用更好。蛋白质一般对 W/O 型乳化液的稳定性较差，更适宜乳化成 O/W 型乳状液。例如，大豆、蛋黄含脂肪多，但它们的蛋白质有乳化功能，使这些脂肪与水形成水包油型乳化液，这些食品中的脂肪不易渗出，其口感也无油腻感。

三、油脂的酸败

（一）油脂酸败的类型

油脂或含油脂较多的食品，在加工储存时，因氧、日光、微生物、酶等作用，发生色泽变暗、黏度变大，产生不愉快的气味，味变苦涩的现象称为油脂的酸败，俗称油脂的哈败。油脂酸败可分为下列三种类型。

1. 水解型酸败

含低级脂肪酸较多的油脂，其残渣中存在有酯酶或污染微生物所产生的酯酶，在酶的作用下，油脂水解生成游离的低级脂肪酸（C₁₀以下）和甘油。游离的低级脂肪酸，如丁酸、己酸、辛酸等具有特殊的汗臭味和苦涩味。这种现象称为油脂水解型酸败。

2. 酮型酸败（β-氧化型酸败）

油脂水解产生的游离饱和脂肪酸，在一系列酶的催化下氧化生成有怪味的酮酸和甲基酮，称为酮型酸败。由于氧化作用引起的降解多发生在饱和脂肪酸的 α-及 β-碳位之间的键上，所以称为 β-氧化型酸败。

一般含水、蛋白质较多的含油脂食品或油脂易受微生物污染，引起水解型酸败和 β-氧化型酸败。

可以用提高油脂纯度、降低杂质和水分含量、保持容器干燥卫生、低温储存等方法来防止上述两种酸败。

3. 氧化型酸败

氧化型酸败是油脂被氧气氧化后产生的结果。包括自动氧化、高温热氧化、辐射氧化、酶氧化等类型。其中油脂的自动氧化是油脂及含油脂较多的食品的主要变质现象。

（二）油脂的自动氧化

1. 油脂自动氧化概述

油脂暴露在空气中,通过自由基反应进行氧化,分解生成醛和酮,产生恶劣的哈喇味,这种酸败现象称为油脂自动氧化。自动氧化是油脂酸败中最常发生的反应,在油脂或油炸食品、高油脂食品中普遍存在自动氧化反应。

油脂自动氧化是自由基反应,具有链式反应的特征,能够不断加速。自由基是分子的共价键均裂后生成的具有单电子的原子或原子团,环境条件对它的影响小,所以油脂的这种氧化称为自动氧化。

自动氧化还有高分子的聚合产物生成,它使油脂色泽变深、稠度增大。有关自动氧化可参见图 2-10。

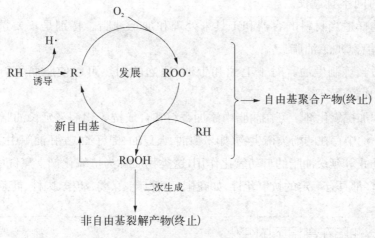

图 2-10　油脂自动氧化过程和产物

2. 油脂自动氧化对食品品质的影响

自动氧化对油脂本身和与之共存的其他食品成分有极大的破坏作用,因此,油脂自动氧化是应该防止的一个反应。其主要影响有以下几方面。

（1）破坏食品营养价值。氧化酸败使油脂的热能利用率降低,人体所需的必需脂肪酸严重破坏,同时,油脂氧化还破坏油脂中的脂溶性维生素,如维生素 A、维生素 E、维生素 D 等。

（2）产生有害成分。自动氧化产生的聚合物,特别是二聚体,能够被人体吸收,但人体又不能代谢它们,在体内聚集,产生中毒。

（3）使油脂和食品的感官性能劣变。自动氧化使油脂最终会裂解为低分子的醛、酮、酸,产生强烈刺激性哈味和难以接受的辣、苦、涩的口感,导致食品品质严重降低。酸败另一个明显的变化是使食物的色泽发生变化。例如,烹调中的油炸原料需现用现炸,炸好的食物若放置几天,表面就会变成红褐色,臭味也明显出现,不宜再食用。

（4）降低油脂的工艺性能。自动氧化使油脂酸价上升,而碘价和烟点降低,比

Peng Ren Hua Xue

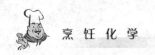

重和黏度增大。酸败的油脂，加热时油烟多，油泡多，透明度下降，甚至发生固化。所以，酸败的油脂已经不能再使用了。

（三）防止油脂酸败的措施

为了避免油脂的酸败变质，在实际中可以采取以下措施。

（1）避光。储存油脂时，避免光照。油脂或含油脂丰富的食品，宜用有色或遮光容器包装。

（2）隔氧。储存油脂时，应尽量避免与空气接触。所以，容器应该有盖，开口应该小些；容器宜装满油脂，排出空气。烹饪中提倡油脂分装成小容器，以减少与空气直接接触的机会与时间。

（3）低温。储存油脂时，应尽量避开高温环境。但对未经加工处理的动物脂肪的冷冻时间不宜过长。

（4）选择适当材料的容器和工具来处理和加工油脂。特别是不要选铜质材料的容器来储存、加工油脂。

（5）适当炼制生油。对于毛油和生油，适当的加热可以使脂肪氧合酶失去活力，还能把血红素等除去。

（6）添加抗氧化剂。可在油脂中添加香料和合成抗氧化剂来延长油脂的储存期。在一些植物油中存在的酚类衍生物（如米糠油、大豆油、棉籽油、麦胚油等中含有维生素E）能有效防止和延缓油脂的自动氧化作用，这类物质称为抗氧化剂。烹饪中常用的香辛料，有很多都具有一定的抗氧化性，如花椒、丁香、芫荽、姜、胡椒、肉桂、茴香等。

四、油脂在高温下的变化

油脂长时间加热或高温反复加热后，会出现色泽变深、黏度变稠（热增稠现象）、泡沫增加、发烟点下降等现象，这都是油脂发生各种化学反应导致的。它们不仅使油脂的味感变劣，营养价值降低，而且也使其风味品质下降，并产生环化脂物质、二聚甘油酯、三聚甘油酯和烃等有毒有害成分，从而影响人体健康。具体化学反应有以下几类。

（1）高温氧化。高温氧化作用与自动氧化的产物基本相同，但在高温下，氧化速度远大于常温下的自动氧化反应速度。烹饪中常用的油脂种类不同，在高温条件下发生氧化的难易也不同。一般饱和度较高的油脂，在高温下氧化稍难，如牛油、花生油等，而不饱和度高的油脂相对易于高温氧化，如豆油、菜子油等。

（2）热分解。油脂的热分解温度一般为 250～290℃。油脂的热分解产物为游离的脂肪酸、不饱和烃以及一些挥发性的化合物。油脂的热分解严重地影响油脂的质量，不仅使油脂的营养价值下降，而且还对人体健康有害。因此，应该熟悉油脂的热分解温度，尽可能减少油脂的热分解。油脂的加热温度不宜过高，一般应控制油温在 200℃以下,尤以 150℃左右比较合适。

(3) 热聚合和热缩合。在高温下,油脂能发生部分水解,然后再缩合成分子量较大的醚型化合物。当加热到 300℃以上或长时间反复加热,油脂还会发生热聚合反应,产生二聚体、环己烯衍生物(见图 2-11),及由此产生的芳烃类物质,其结果是使油脂色泽变暗,黏度增加,油脂的起泡性也会增加,泡沫的稳定性增强,严重时冷却后会发生凝固现象。这些产物对人体的危害也很大,因此要特别注意防止它们的产生。

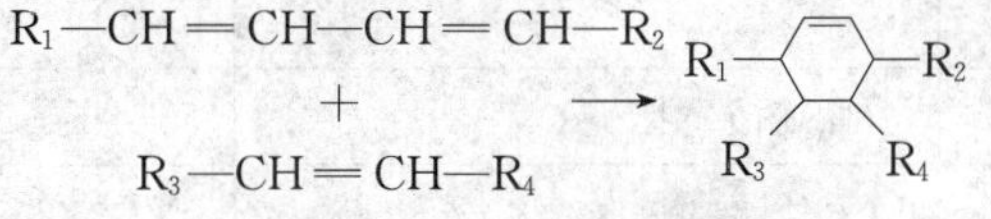

$$R_1-CH=CH-CH=CH-R_2 \atop + \atop R_3-CH=CH-R_4 \longrightarrow$$

图 2-11 油脂热聚合反应

第五节 其他食品成分

食品中除了水、蛋白质、糖和脂外,还有其他化学成分。这些成分在含量上一般都较少,除维生素、无机盐等少数类别是营养素外,多数为非营养成分,但这些成分对食品某方面性能有重要作用。

一、维生素

维生素是人体不能合成、需要量甚微、维持人体生命过程所必需的一类低分子有机化合物的总称。维生素种类多,功能多样,化学结构复杂,食品中含量很少(微量成分)。传统上,维生素按溶解性分为脂溶性和水溶性两类。有关具体内容可参见表 2-13。

表 2-13 维生素分类情况

类别	传 统 名 称	化学结构或特点	化学名称、其他名称
脂溶性维生素	维生素 A 及类胡萝卜素	β-紫罗宁二萜一元醇衍生物	A₁ 视黄醇、A₂ 脱氢视黄醇等(抗干眼病维生素)
	维生素 D	类固醇(环戊烷多氢菲)衍生物	D₃ 胆钙化醇、D₂ 麦角钙化醇等(6 种)(抗佝偻病维生素)
	维生素 E	色满(苯并二氢吡喃)衍生物	α-生育酚、β-生育酚等(8 种)(生育维生素)
	维生素 K	2-甲基-1,4-萘醌衍生物	叶绿醌(止血维生素)

类别	传 统 名 称	化学结构或特点	化学名称、其他名称
水溶性维生素	维生素 B_1	嘧啶和噻唑环的衍生物	硫胺素（抗脚气病维生素、抗神经炎因子）
	维生素 B_2	异咯嗪和核糖醇衍生物	核黄素
	维生素 B_3	二甲基丁酰-丙氨酸	泛酸（遍多酸）
	维生素 PP（维生素 B_5）	吡啶-3-羧酸（烟酸和烟酰胺）	尼克酸和尼克酰胺（抗癞皮病因子）
	维生素 B_6	吡啶衍生物	吡哆醛、吡哆醇和吡哆胺
	维生素 B_7	氧代咪唑噻吩衍生物	生物素
	维生素 B_{11}	喋酰谷氨酸	叶酸
	维生素 B_{12}	含钴的类咕啉化合物	钴胺素或氰钴胺
	维生素 C	烯醇式古洛糖酸内酯	L-抗坏血酸

维生素可以对食品的色香味等属性产生影响，同时在加工、贮存中也因为它们的流失和破坏而降低食品营养价值。例如，维生素 C、维生素 E 具有还原性，可以作为抗氧化剂；维生素 B_2、维生素 B_{12} 具有颜色，对肉类食品颜色有益；维生素 A 和维生素 B_1 加热会分解产生硫化物，具有一定的气味；维生素 C 具有酸性，有酸味感，还能够发生褐变反应，严重影响食品的品质。

绝大多数维生素是不稳定的有机物，容易在储藏、加工中被破坏。水果、蔬菜和动物肌肉中留存的酶，会导致维生素含量的变化；脂肪氧化酶的氧化作用会破坏很多脂溶性维生素及一些易被氧化的水溶性维生素。倘若采收后采取合适的处理方法（如科学的包装、冷藏运输等）保护好果蔬的组织，果蔬中维生素的变化会很小。

烹饪加工会破坏维生素，损失的程度取决于食品的组织结构和操作工艺。当食品组织结构被破坏、食品原料被切得过小过碎、在水中浸泡时间过长，就容易使水溶性维生素流失。温度高、时间长的各种烹调方式（如烤、炖、炸、烧等）会使热敏性维生素（如抗坏血酸、硫胺素等）几乎全部损失。

二、无机盐

（一）无机盐概述

存在于食品内的各种元素中，除去碳、氢、氧、氮 4 种元素主要以有机化合物的形式出现外，其余各种元素无论以何种形式存在（包括无机化合物或离子状态的有机化合物），统称为无机盐元素，习惯上称为无机盐或矿物质（灰分），人体自身不能合成。在食物中含量大于 0.01% 的无机盐元素，称为常量元素，包括钙、磷、镁、钾、钠、氯和硫 7 种。在食物中含量低于 0.01% 的无机盐元素，称为微量元素。

（二）无机盐对食物性能的影响

无机盐在食品的颜色、呈味、质构和防腐方面都有明显影响。例如，盐溶效应和盐析效应对肉类的影响就很大。盐水浓度在 8%～10% 时，肉的膨润度最大，而当浸渍盐水的浓度增大时，特别是在盐水浓度超过 22% 时，肉的膨润度反而会显著降低。表 2-14 总结了无机盐元素和矿物质盐（络合物）在食品中的作用。

表 2-14　某些无机盐元素的食品功能作用

元素	食 品 功 能	元素	食 品 功 能
钠	风味改良剂：NaCl 典型咸味 防腐剂：NaCl 降低食品中水分活度 膨松剂：碳酸氢钠、硫酸铝钠及焦磷酸氢钠	磷	膨松剂：$Ca(HPO_4)_2$ 快速膨松 肉类持水剂：三聚磷酸钠改善肉持水性 乳化助剂：在剁碎肉和加工奶酪中使用
铝	质构改良剂、发酵：硫酸铝钠 $Na_2SO_4 \cdot Al_2(SO_4)_3$	钾	食盐代替品：KCl 食盐替代品 膨松剂：酒石酸氢钾
钙	质构改良剂：参与形成凝胶，如果胶、大豆蛋白、酪蛋白等，提高蔬菜坚硬性	硫	褐变抑制剂：二氧化硫和亚硫酸盐 抗微生物：防止、控制微生物生长
铜	颜色改变剂：可造成罐装肉变黑 酶辅助因子：多酚氧化酶 质构稳定剂：稳定蛋白起泡	铁	颜色改变剂：鲜肉颜色，Fe^{2+} 呈红色，Fe^{3+} 呈褐色；与多酚类形成绿色、蓝色或黑色复合物，与 S^{2-} 形成黑色的 FeS
镁	颜色改变剂：叶绿素去镁后变成棕色	溴	面团改良剂：$KBrO_3$
碘	面团改良剂：KIO_3 使面粉焙烤质量改善		

食品加工和烹饪中还常用一些无机化合物来改善食品的风味、色泽、质构和工艺特性等。例如，具有调味、防腐作用的常用无机化合物 NaCl 是食盐的主要成分；$CaCl_2$，$MgCl_2$，$CaSO_4$，$MgSO_4$ 可作为凝固剂、沉淀剂来使用；硝酸盐和亚硝酸盐是常用的发色剂，亚硫酸氢钠（$NaHSO_3$）、低亚硫酸钠（保险粉 $Na_2S_2O_4$）和焦亚硫酸钠（NaS_2O_5）具有漂白、防腐和防褐变作用；磷酸盐常作为保湿剂和酸化剂来使用；用来调节食品酸碱度的常用试剂有具碱性的氢氧化钠（烧碱 NaOH）、碳酸氢钠（小苏打 $NaHCO_3$）、碳酸钠（纯碱 Na_2CO_3）、碳酸氢铵（臭粉 NH_4HCO_3）。其中碳酸氢钠、碳酸氢铵加热会分解产生二氧化碳，所以在食品中也是常用的疏松剂。

应该注意，同一种成分在不同加工中有不同的作用。例如，小苏打既可作为面

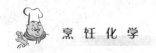

团发酵后"正酸"的碱,也可作为面团膨松的疏松剂;明矾[钾铝矾 K_2SO_4 · $Al_2(SO_4)_3$ · $24H_2O$]既可作为酸,也可作为沉淀剂,还可作为发泡剂来使用;葡萄糖酸钙可作为营养强化剂,还可作为凝固剂、沉淀剂和酸碱缓冲剂;氧化钙(生石灰 CaO)和过氧化钙(CaO_2)既可作为碱,也可用作干燥剂和氧化剂。

三、植物性食品中的次生物质

植物中除了糖、脂肪、蛋白质等,还有许多其他成分。它们经生物代谢衍生出来,贮存在植物的一定部位,大多不再参加代谢作用,故称之为植物的次生物质。它们的种类很多,主要有萜类、酚类和生物碱等。这些次生物质有许多具有一定的生理活性,甚至作为药物来使用。特别是生物黄酮类、葱蒜类含硫有机物,木质素,类胡萝卜素,皂角苷等植物成分已经成为营养学特别关注的植物化学物。而且,这些植物成分对植物食品的颜色、风味、质构和安全性也影响甚大。

香精油、食品香调料的气味成分大多是萜类,薄荷脑、龙脑和樟脑就是这类物质。固醇是三萜的衍生物,维生素 A 实际上是二萜化合物,植物色素中的类胡萝卜素是四萜化合物,这些都属萜类。

植物中的酚类物质,大多是水溶性有色物质,也有一些是有涩味的中、高分子量的不溶物质。植物中的酚类按化学结构分为简单酚类、苯基羧酸衍生物、苯丙烷衍生物和黄烷衍生物等。儿茶酚是简单酚类,可以缩合成鞣质,花色素是黄烷衍生物。

生物碱是一类碱性的、难溶于水的含氮杂环化合物,是植物氨基酸代谢的衍生物,有些生物碱如嘌呤、嘧啶等也是核酸和一些维生素的组成成分。生物碱一般具有强烈的生理效应,甚至有毒性。生物碱广泛用作药物,是许多中草药的有效成分。例如,麻醉品中的吗啡碱、可卡因及烟草中的尼古丁都是生物碱。种子中生物碱的含量特别大,这可能与植物自身保护有关。生物碱呈苦味,所以对食品的风味有影响,特别在烹饪中常使用的各种香辛料、茶叶、可可、咖啡、胡椒、辣椒中均含较多的生物碱。但是,生物碱不能多用和常用,否则容易成瘾。抽烟、喝茶、喝咖啡等的成瘾,就是由生物碱引起的。

四、其他成分

食品中除了前面所讲的化学成分外,还有以下一些成分。

食品中的核酸物质,主要是高分子核酸的分解产物和 ATP 等高能磷酸物质的分解产物。特别是 ATP 及其分解产物在动物组织中的存在,对肉的嫩度、风味有一定影响。

食品中普遍存在有机酸,常见的有:乙酸(醋酸)、苯甲酸、草酸、甲酸、乳酸、柠檬酸、苹果酸等。有机酸是食品呈酸物质，尤以水果中含量最为丰富。发酵制品中随发酵程度不同，酸的含量也有差别。有机酸具防腐作用，所以酸菜、酸性大的食品的贮藏性能好。有机酸还可以影响食品的胶凝性能，例如果胶的凝固。

激素是生物特定组织的活细胞（如腺体细胞）产生的对某些特定组织细胞（靶细胞）有特殊生理激动作用的一类微量有机物质。食品中的激素对人体也有相应的生理效应，如种猪肉有较多的性激素、蜂王浆有生长素。非法添加了激素的饲料，以及"环境激素物"也会带来食品中的激素问题，所以应该引起人们对食品中激素的注意。

食品中还含有非蛋白氮浸出物，它们一般是碱性含氮有机物，主要存在于食品的汁液中，是这些食品的风味成分或风味前体。例如，肉中有次黄嘌呤、肌肽、肌酸、肌酐和鹅肌肽等非蛋白氮浸出物，这些成分对肉的鲜味、加热香味非常重要，其中，肌肽、肌酸、肌酐是"肌肉素"的主要成分。另外，果蔬组织中还有酯类物质，它们是这类食品具有香气的物质因素。

加工性食品中，还有因加工使食品原有成分变化衍生出来的物质，如焦糖素、胺、羰化物、硫化物、吡嗪等。

食品添加剂也是许多食品中可能出现的成分，大多数添加剂因安全因素而限制在食品中使用，故一般食品中含量较少。特别是人工合成的添加剂，如合成色素、防腐剂等，一定要严格按规定使用。

 本章小结

本章系统地介绍了食品中的主要化学成分：水、蛋白质、糖类、脂类及其他成分。

水：介绍水在烹饪中的热媒介功能和分散功能，水的自由水和结合水两种状态。

蛋白质：介绍蛋白质的化学组成和分类，重点讲述两性性质、变性、胶体性和界面性质等在烹饪中的应用。

糖类：概括低分子糖在烹饪中的四大功能、焦糖化和羰氨反应及具体应用；讲述淀粉的糊化和老化在烹饪中的应用。

脂类：归纳脂肪在食品和烹饪中以物理性质为基础的五大应用，特别是热学特性和固液两性的应用；介绍油脂的自动氧化反应、加热化学反应及在食品和烹饪中的作用。

其他成分：介绍食品在烹饪加工中对食品性能有一定影响的维生素、无机盐、核酸类物质、植物次生物质、有机酸等次要成分。

 练习：单项选择题

1. 鲜牛肉中水、蛋白质、脂肪的含量分别是（质量分数）68％,20％,10％,若把它加工成肉干,其最大损失率大约是多少？（　　）
    A. 30％　　　　　　B. 50％　　　　　　C. 60％　　　　　　D. 70％

2. 下面有关 O/W 型乳化液的描述中,正确的是（　　）。
    A. O/W 型乳化液为油包水型
    B. O/W 型不能从 W/O 型转变而来
    C. O/W 型乳化液中水是连续相
    D. O/W 型乳化液中水是内相

3. 下列是蛋白质干凝胶的是（　　）。
    A. 豆腐　　　　　　　　　　　　B. 豆腐干
    C. 豆浆　　　　　　　　　　　　D. 豆腐脑

4. 下列方法能促进美拉德反应的是（　　）。
    A. 加亚硫酸盐　　　　　　　　　B. 加水
    C. 加碱　　　　　　　　　　　　D. 加酸

5. 焦糖化的温度一般为（　　）。
    A. 60℃以下　　　　　　　　　　B. 2～4℃
    C. 60℃以上　　　　　　　　　　D. 180℃左右

6. 方便面、饼干等即食型食品中的淀粉处于（　　）。
    A. 老化状态　　　　　　　　　　B. 有序状态
    C. 结晶状态　　　　　　　　　　D. 糊化状态

7. 下列能减轻油脂氧化酸败的方法中效果不好的是（　　）。
    A. 避免光照油脂　　　　　　　　B. 油脂中添加 BHT
    C. 油脂保存在密封容器中　　　　D. 各种油脂混合均匀后贮存

8. 香辛料的风味成分主要来源于（　　）。
    A. 酚类物质　　B. 萜类　　　　C. 硫化物　　　　D. 有机酸

9. 食品蛋白质凝胶没有下列哪个性质？（　　）
    A. 保水性　　　B. 乳化性　　　C. 弹性　　　　D. 膨润性

10. 油脂酸败后不会出现的现象是哪个？（　　）
    A. 亮度下降　　　　　　　　　　B. 比重下降
    C. 烟点下降　　　　　　　　　　D. 透明度下降

11. 下面式子能正确表示蛋白质水解过程的是（　　）。

A. 蛋白质→胨→肽→氨基酸　　　B. 蛋白质→肽→氨基酸→胨

C. 蛋白质→氨基酸→肽→胨　　　D. 蛋白质→胨→氨基酸→肽

12. 下面说法错误的是（　　）。

　　A. 鲜肉和熟肉中的水都主要是自由水

　　B. 固体食品的含水量比液体食品低

　　C. 食品中的水分比纯水难挥发和结冰

　　D. 水是固态食品中的增塑成分

13. 搅打制蛋泡时，下列能稳泡的成分是（　　）。

　　A. 食盐　　　　B. 奶油　　　　C. 醋酸　　　　D. 砂糖

14. 油脂具有起酥性的原因中没有（　　）。

　　A. 挥发性　　　B. 反水性　　　C. 凝固性　　　D. 黏稠性

15. 烙饼冷却后变硬的原因是淀粉发生了（　　）。

　　A. 水解　　　　B. 糊化　　　　C. 老化　　　　D. 氧化

 应用：与工作相关的作业

1. 举出干燥食品、液态食品和湿固态食品在烹调中的具体实例，请分析这些食品的贮存性、工艺性和食用性。烹饪中应该采用什么加工方法来保持或改善它们的食用品质？

2. 有两种油脂，甲油脂的熔点是25～36℃，凝固点是21～32℃；乙油脂的熔点是23～42℃，凝固点是20～35℃。请分析这两种油脂在室温为28℃时的状态和性质。如果作为起酥油，哪一个更好些？

3. 小苏打、保险粉、明矾和硝盐在烹饪加工中分别有何应用？

4. 分析粥类、米饭、油煎类食品、烘焙类食品的淀粉糊化程度的差异，以及怎样提高糊化程度的方法。

5. 烹饪中应该如何保存油脂和加热使用油脂？

6. 焦糖化作用和羰氨反应有何异同点？烹饪中控制它们的关键是什么？

7. 要提高蛋白质的溶解性或亲水性，烹调中可采用的方法有哪些？

8. 解释下列现象：

（1）奶粉、面粉等食品怕受潮，而米饭等不怕受潮；

（2）酸奶中会出现凝块；

（3）久放的米饭不能食用，但饼干却仍可以食用；

（4）烹饪中的红油、花椒油的保质期一般比较长；

（5）烹饪中做白斩鸡要沸水下锅，而炖鸡汤要冷水下锅；

（6）鸡蛋黄是高脂类食品，但吃起来却没有油腻感。

里脊肉与五花肉

猪里脊肉的一些化学成分的含量分别是：水 70.3％，蛋白质 20.2％，脂肪 7.9％，糖类 0.7％，灰分 0.9％；猪五花肉的一些化学成分的含量分别是：水 56.8％，蛋白质 7.7％，脂肪 35.3％，糖类 0.1％，灰分 0.2％。请分析应该采用何种工艺方法来烹调里脊肉和五花肉。

第三章 食品的形态和结构

 学习目标

1. 掌握肉类、谷类的化学组成及主要加工性能。
2. 熟悉肉类和果蔬的组织结构,熟悉果蔬的化学组成及加工性能。
3. 了解大豆、乳类、蛋类和薯类的主要化学成分及加工性能。

 导入案例

"纳 米 食 品"

《纽约时报》的食品栏编辑马里安·布罗斯在 1969 年写道:"通过外力改变水的结构,可以提高水的活性。届时,在太空中可以利用这种水,发挥水的最大功效。一滴水就可以解渴了。"不久,有一公司宣称制作了"太空水",到 20 世纪 90 年代初,我国也兴起了饮用诸如"磁化水"等之类的"活性水"。

事实上通过纳米技术的分子操作,精确地安排水中分子与分子之间的关系,就可以改变水的宏观形态和性质,达到提高水效力的目的,同样的操作也适合食品。随着现代高新技术的不断发展,"纳米食品"已经开始走向了餐桌,具有精细结构的冰淇凌具有前所未有的诱人品质——外观如果冻、透明如水晶、口感如棉花。人们已经可以设想用超微面粉做出的面包好似果冻般透明和细嫩,用植物分子构成的肉结构与真实肉的形态、口感无二,甚至它还没有高脂肪、高胆固醇的缺点。可见,了解食品的物质组成、物质结构和形态的有关规律,对食品性能的控制和食用价值的改进有重要意义。同样,在烹调中掌握主要食材的结构、形态和组成特征,能够指导烹调方法的改进,促进菜品质量的提高。

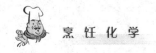

课前思考题

列出你近几天吃的一些食品、菜肴点心,看看它们的物料形态、物质状态有无不同,其化学成分可能有何差异。

第一节　食品的组织结构和形态

一、食品的形态结构

食品的组织结构包括宏观、微观及介于它们之间的介观三个水平上的物质、物料或分子组成和空间分布等情况。宏观水平包含大量分子,微观水平为单个分子水平(<1 nm),介观水平大略相当于纳米水平范围(一般为 1 nm $\sim$ 1 μm),为多分子团水平。

（一）食品微观结构和宏观形态

食品的宏观状态可表现为液态、固态、半固态状态,当然,气态也可以存在于食品组织中。固态和半固态食品的宏观组织和宏观形态可表现为凝胶状、生物组织状、多孔状、散体状(包括粉体状)、泡沫状等多种形式。食品的微观组织结构决定食品宏观状态,对食品质构、外观和工艺加工有直接影响。在微观上,食品形态按分子的聚集排列方式分为晶态固体、液态流体、气态流体等三种基本状态和玻璃态、液晶态两种过渡态。

晶态固体的分子或原子、离子间的几何排列具有三维远程有序,如纯净的砂糖。液态流体分子间的几何排列只有近程有序,即在 1～2 分子层内排列有序,而远程无序,如加热状态的食用油。气态流体分子间的几何排列不但远程无序,近程也无序。

玻璃态(无定形固体、非晶体固体)分子间的几何排列只有近程有序,而无远程有序,即与液态分子排列相同。它与液态的主要区别在于黏度,玻璃态黏度非常高,以至于阻碍了分子间的相对流动,在宏观上近似于固态,因此,玻璃态也被称为非晶体固态或过饱和液态。从动力学上看玻璃态是稳定的,但从热力学上看是不稳定的。食品蛋白质(如明胶、弹性蛋白质和面筋蛋白)和碳水化合物(如支链淀粉和直链淀粉)以及许多小分子(如融化后冷却的蔗糖)均能以无定形状态存在,表现出一定的塑性和黏性,所有干燥、部分干燥、冷冻和冷冻干燥食品也都含有无定形区。

液晶态分子间几何排列相当有序,接近于晶态分子排列,但是具有一定的流动性,如动植物细胞膜和一定条件下的脂肪。

实际的食品是以上各种状态的复杂混合物：高分子和小分子交联混合，网状骨架和分散物质相互贯穿，局部晶态、液晶态、液态和玻璃态共存。总体看，晶态更具有固体的性能，而液晶态、液态属于流体，玻璃态介于之间。所以，几乎所有的食品，其宏观形态是固-液两性的。

（二）食品的生物组织结构

食品的生物组织结构包括动物、植物组织的细胞结构、胞外结构及多细胞结构。细胞是生命活动的基本单位，它或是独立的作为生命单位，或是多个细胞组成细胞群体或组织，或器官和机体。细胞中具有生命力（即生物代谢）的部分常称为原生质，而其余部分代谢弱、表现出无生命力，包括后成质、异质等。动物食品组织和新鲜植物可食用部分主要是由原生质和部分细胞外结构组成，但粮食及加工性植物食品的可食用部分还包括细胞内的后成质。

生物结构的分子水平几乎都与生物膜结构相关，不过仅仅靠生物膜结构，细胞及其构成的生物组织将是十分柔软的。纤维化是生物体结构上的特征，这保障了细胞器、细胞及宏观生物组织的机械强度。分子水平、亚细胞水平、细胞水平和组织解剖学水平都存在生物材料的各种纤维化结构。

1. 植物组织的结构

植物细胞直径在 $10 \sim 100 \, \mu m$ 之间，由细胞壁、细胞膜、液泡及内部的原生质组成，一般植物细胞的组成和结构见表3-1。

表3-1　植物细胞的组成和结构

植物细胞结构	有生命部分（原生质）	细胞膜（原生质膜）		
		细胞质	线粒体	
			质　体	白色体、叶绿体、有色体
			其他细胞器	内质网、核糖体、溶酶体等
		细胞核		核膜、核质、核仁
	无生命部分	胞外结构	细胞壁	中胶层
				初生壁
				次生壁
			表面结构	微绒毛、纤毛、鞭毛等
			特化部分	角质、木质、蜡质等
		内含物	液　泡	内部充满细胞液
			贮藏物质	糖类、蛋白质、无机盐等

细胞壁位于植物细胞最外层，是一层透明的薄壁。细胞壁的主要成分是纤维素，此外还含有果胶质、半纤维素、木质素、疏水的角质、木栓质和蜡质等成分。它

孔隙较大,物质分子可以自由透过。细胞壁对细胞起着支持和保护的作用。

细胞壁分初生壁和次生壁。初生壁是细胞生长期间形成的组织结构,厚度1~3 nm,由纤维素中的微纤丝、果胶质、糖蛋白等物质构成,果胶质和糖蛋白起到交联微纤丝的作用,形成网状结构。果胶质使细胞壁具有很好的伸缩性,使细胞壁随着细胞的生长而扩大。次生壁是细胞停止生长、初生壁不再扩大时,在某些起着支撑作用或输导作用的细胞壁上形成的堆积增厚部分。次生壁主要由纤维素组成,而且排列致密,有一定的方向性,果胶质极少,且不含糖蛋白等物质,因此,次生壁的机械强度很高,伸缩性很小。细胞壁外层是中胶层,它是植物细胞壁与细胞壁之间存在的一层物质,由原果胶和半纤维素、纤维素等物质组成,其作用是联结细胞。

细胞壁的内侧紧贴着一层极薄的膜,叫做细胞膜。细胞膜以内、细胞核以外的全部物质是细胞质。在细胞质中有由生物膜围成的具有不同功能的各种结构——细胞器。例如,叶绿体、线粒体、内质网、核糖体、溶酶体等。溶酶体是细胞内具有单层膜囊状结构的细胞器,其内含有多种水解酶类,能够分解很多物质。液泡是植物细胞中的泡状结构,成熟的植物细胞液泡很大,可占整个细胞体积的90%。液泡的表面有液泡膜,液泡内有细胞液,其中含有糖类、无机盐、色素和蛋白质等物质,可以达到很高的浓度。因此,液泡对细胞内环境起着调节作用,可以使细胞保持一定的渗透压,保持膨胀的状态。

2. 动物组织的结构

从食品角度看,动物组织分为肌肉组织、脂肪组织、结缔组织、骨组织等,它们都是由特定细胞及胞外结构组成的。其中,除脂肪组织外,几乎都具有纤维组织结构,例如肌纤维、胶原纤维等。构成这些组织的细胞没有细胞壁,因此其他胞外结构就相当重要,特别在结缔组织中存在许多胶原纤维、弹性纤维等强度很高的胞外结构。另外,肌纤维是肌肉组织细胞内的特殊结构,具有伸缩性和胶凝性,所以,动物组织,尤其是肌肉组织的柔软性大、保水性强。

二、食品的分散体系特性

食品属于非均质分散系统,也称多相分散体系。分散体系中两种物质并没有发生化学反应,被分散物质称为分散相,而另外的物质称为分散介质(连续相)。分散物质微粒尺寸在数微米以下、数纳米以上,将形成多相分散体系。这时,分散介质和分散相都以各自独立的状态存在,介质和分散相之间都存在着接触面,体系是一个非平衡状态和不稳定状态。按照分散粒子的大小,分散体系可大致分为如下三种。

(1) 分子分散体系。分散相粒子的半径小于1 nm,相当于单个分子或离子的大小。此时分散相与分散介质形成均匀的一相,因此,分子分散体系是一种稳定的单相体系。与水的亲和力较强的化合物,如蔗糖溶于水后形成的"真溶液"就是例子。

(2) 胶体分散体系。分散相粒子半径在 $1\sim100$ nm 的范围内,比单个分子大得多,分散相的每一粒子均为由许多分子或离子组成的集合体。虽然用肉眼或普通显微镜观察时体系呈透明状,与真溶液没有区别,但实际上分散相与分散介质已并非为一个相,存在着相界面。

(3) 粗分散体系。分散相的粒子半径在 $10^{-5}\sim10^{-3}$ cm 的范围内,用普通显微镜甚至肉眼都能分辨出是多相体系,如悬浮液(泥浆)和乳状液(牛乳)。

除按分散相的粒子大小做如上分类之外,还常对多相分散体系按照分散相与分散介质的聚集态来进行分类,可将分散体系分成如表 3-2 所示的九种类型。流体食品就是液体中分散有气体、其他液体或固体的一种分散体系,分别称为泡沫、乳状液、溶胶或悬浮液。食品中分散介质常常是水,所以把分散介质是水的胶体称为亲水性溶胶(水溶胶),它具有流动性。而凝胶的分散质是水,分散介质是其他固体成分(蛋白质、多糖等亲水性高分子)。凝胶是不可流动的胶体,是介于固体和液体之间的状态,可以看作凝固液体或半固体状态。几乎所有的固体食品都是在凝胶状态供食用的。例如,米饭、馒头、面条、豆腐、肉、鱼、蛋、蔬菜等,都是凝胶状态的物体,其力学性能、质构品质和加工性能是由它们的凝胶结构决定的。

表 3-2　多相分散体系的类型

分散介质 (连续相)	分散质 (非连续相)	体系名称	特征	实例
气体	液体 固体	气溶胶 粉体	可流动气体 可流动	加香气的雾 面粉、淀粉
液体	气体 液体 固体	泡沫 乳胶体/乳化液 溶胶 悬浮液/泥浆体	塑性、容易变形 可流动、黏稠 可流动、黏稠和黏附性 塑性、黏稠和黏附性	蛋泡、啤酒沫 牛奶、奶油 淀粉糊、浓汤 果酱、米粥
固体	气体 液体 固体	固体泡沫 凝胶 固溶胶	不可流动、有弹性和塑性 不可流动、有弹性和韧性 不可流动、有脆性	面包、蛋糕 果冻、皮冻 巧克力、淀粉粒

烹调的菜肴、点心是以溶胶、凝胶、乳胶体、泡沫体(多孔状固体、液态泡沫体)、粉体等构成的复杂多相体系,具有多形态特征。菜肴、点心的质构感实质上就是这些多形态体系力学性能的综合体现。例如,肉的"嫩"、米饭的"柔软"、汤汁的"爽口"、饼干的"酥脆"、面食的"筋道"等都是相关体系力学性能被人体触觉感受的结果。

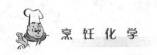

第二节　肉的组成、结构及特性

肉是指家畜、家禽被屠宰后，除去皮或毛、头、蹄以及内脏后余下的可食部分。广义上，肉类也包括水产动物如鱼、贝、虾、蟹类的身体组织。

一、肉的形态结构

肉由四大组织构成：50％～60％为肌肉组织，15％～45％为脂肪组织，9％～13％为结缔组织，5％～20％为骨组织。肌肉组织有收缩功能，结缔组织起连接、保护等作用。常称的瘦肉，基本上全是肌肉组织。动物的种类、品种、性别、年龄和营养状况等因素直接决定四大组织的构造、性质和含量，从而直接影响到肉品质量、加工用途和商品价值。

（一）肌肉组织

肌肉组织是肉食原料中最重要的一种组织，是决定肉质优劣的主要组成。肌肉分为横纹肌（包括骨骼肌和心肌）、平滑肌（存在于内脏器官，如肾脏、胃等）。常见的动物肉主要为横纹肌，它是附于骨骼上的肌肉，故也叫骨骼肌，占动物肌体的30％～40％。

1. 肌肉的宏观形态结构

肌肉的基本构造单位是肌纤维。肌纤维外有一层很薄的结缔组织，称为肌内膜。每 50～150 条肌纤维聚集成束，称为初级肌束，外包一层结缔组织，称为肌束膜；数十条初级肌束集结在一起并由较厚的结缔组织包围形成二级肌束；二级肌束再集结即形成了肌肉块，外面包有一层较厚的结缔组织称为肌外膜。肌肉中的结缔组织形成肌腱，肌腱又与骨连接起来，既起着支架和保护作用。

肌纤维的粗细因动物的种类、年龄、营养状态、肌肉活动情况不同而有差异，对肉的老嫩有直接影响，如幼猪肌纤维为 5.3 μm，而成熟后为 90.9 μm。不同肌肉，肌纤维及肌束的排列方式不同。鱼肉是许多比较细的肌纤维的横向排列聚合体，而多数肉为纵向排列。墨鱼类动物体中肌纤维并列在与体轴垂直的方向上，所以干制后易横断。

2. 肌肉的显微结构

肌细胞是一种相当特殊化的细胞，呈长线状，二端逐渐尖细，因此也叫肌纤维。其直径为 10～100 μm，长为 1～40 mm，最长可达 100 mm。肌纤维是由直径为 0.5～3 μm 的 1 000～2 000 根肌原纤维纵向平行排列构成的。肌原纤维占肌纤维固形成分的 60％～70％，是肌肉的伸缩装置，直径为 1～2 μm。肌原纤维由肌丝组成，肌丝分为粗丝和细丝，每条纤维丝由几百个蛋白质分子构成。其中粗丝主要由肌球蛋白组成，又称为"肌球蛋白丝"；细丝主要由肌动蛋白分子组成，所以又称为"肌动蛋白丝"。它们之间相互作用构成肌动球蛋白丝而引起肌肉的运动。

肌细胞质称为肌浆，指在肌纤维细胞中环绕并渗透到肌原纤维的液体和悬浮于其中的各种有机物以及亚细胞结构，它是细胞内的胶体物质，填充于肌原纤维间和细胞核的周围，含水分75%～80%。肌浆内富含肌红蛋白、酶、肌糖原及其代谢产物和无机盐类等。另外，肌浆中还有许多细胞器，包括肌粒——线粒体、横管、肌质网、溶酶体和细胞核。肌细胞是多核细胞，所以不能进行细胞分裂。

有关肌肉组织的形态结构从微观到宏观可简单表示为：

蛋白质→粗纤丝＋细纤丝→肌原纤维→肌纤维（肌内膜）→肌束→初级肌束
（内肌周膜）→次级肌束（内肌周膜）→肌肉块（肌外膜或外肌周膜）

（二）结缔组织

结缔组织是将动物体内各部分联结和固定在一起的组织，分布于体内各个部位，构成器官、血管和淋巴管的支架，包围和支撑着肌肉、筋腱和神经束，将皮肤联结于机体。广义的结缔组织包括脂肪组织、皮、骨、筋、筋腱。肉中的腱、韧带、肌束间纤维膜、血管、淋巴、神经及毛皮等均属于结缔组织。结缔组织是由细胞、细胞外纤维和无定形基质组成的，一般占肉组织的9.7%～12.4%（不包括脂肪组织和骨组织）。

1. 结缔组织的细胞和基质

结缔组织的细胞有成纤维细胞和间充质细胞，前者能够释放物质，合成胶原蛋白和弹性蛋白，后者可发展为成纤维细胞和成脂肪细胞。结缔组织基质可以是柔软的胶体，也可以是坚韧的纤维。在软骨中，它的质地如橡皮，在骨骼中则充满钙盐而变得非常坚硬。基质含有许多蛋白多糖，如黏蛋白、氨基葡聚糖（透明质酸和硫酸软骨素，可起润滑、联结作用）及胶原蛋白和弹性蛋白的前体物。

2. 结缔组织纤维

结缔组织纤维有胶原纤维、弹性纤维、网状纤维三种，以前两者为主，能增加肉的硬度。和肌纤维不一样，这些细胞外纤维可以构成致密的结缔组织，也可以构成网状松软的结缔组织。疏松状结缔组织含基质多、纤维少，结构疏松，分布在皮下、肌膜及肌束之间；致密状结缔组织含基质少、纤维多，结构紧密，如皮肤的真皮层。弹性纤维由弹性蛋白构成，弹性大，韧性小；胶原纤维由胶原蛋白构成，韧性强，弹性小；网状纤维由网状蛋白构成。

肉质的软硬不仅取决于结缔组织的含量，还与结缔组织的性质有关。结缔组织在动物体内的含量与动物的品种、部位、年龄、肥育及运动等因素有关。结缔组

织的蛋白为不完全蛋白,不易被消化吸收,营养价值不高。

　　肉中的脂肪组织也是影响肉质的因素之一。脂肪组织由退化的疏松结缔组织和大量的脂肪细胞积聚组成。脂肪细胞通常以单个或成群状态存在于结缔组织中。脂肪细胞的体积大(与动物肥瘦有关),充满着中性脂肪,原生质和细胞核很小。脂肪组织能够保护组织器官不受损伤,并为机体提供能源。肉中的脂肪也是风味的前体物质之一。畜禽的种类、年龄、性别、去势与不去势、饲料等影响着脂肪的沉积部位、性质和化学成分。

　　脂肪组织主要分布在皮下、内脏如肾脏和腹腔周围、特殊部位如尾巴及肌肉间。肌内膜和肌外膜沉积脂肪将减小结缔组织的韧性,防止水分蒸发,使肉质柔嫩易于咀嚼,提高肉的嫩度和风味。

二、肉的化学成分

　　肉的主要成分是水、蛋白质、脂肪,它们三者的含量影响肉的品质。一般来说,哺乳动物肌肉组织中所含固体物质的 3/4 是蛋白质,其余 1/4 是糖类、脂类、含氮与不含氮的有机物与无机物,可参见表 3-3。肉的成分因动物的种类、品种、性别、年龄、季节、饲料、使役程度、营养和健康状态不同而有所差别。脂肪和瘦肉的相对数量将大大影响肉的品质,肥度高,蛋白质和水分的含量则降低。

表 3-3　肉的化学成分

成　　分	占湿重的%
1. 水分	75.0
2. 蛋白质	19.0
（1）肌原纤维蛋白质	11.5
（2）肌浆蛋白质	5.5
（3）结缔组织和细胞器	2.0
3. 脂肪（包括中性脂肪、磷脂、脂肪酸、脂溶性物质）	2.5
4. 碳水化合物（乳酸、糖原、葡萄糖、糖酵解中间物）	1.2
5. 各种可溶性非蛋白氮	1.65
6. 可溶性无机物成分	0.65
7. 维生素	微量

　　（一）肉类蛋白

　　肉类蛋白质多为完全蛋白质。其含量按动物的种类、年龄不同而异。肌肉的各种组织结构,几乎全由蛋白质构成,所以肌肉中的蛋白质依其存在的位置和溶解度可分为三类(见表 3-4)。牛肉、鸡肉和鱼肉,质感嫩度不同,可从其蛋白质种类看出:鱼肉组织比畜肉组织软,其原因是鱼肉基质蛋白中的胶原和弹性蛋白少,例如硬骨鱼约为 3%,软骨(鲨鱼)不到 10%,而牛肉则有 25%。

60

表 3-4　动物肌肉的蛋白质组成　　　　　　　单位：％总蛋白

肉　　源	肌 纤 维 蛋 白	肌 浆 蛋 白	肉 基 质 蛋 白
(老)马肉	48	16	36
(老)牛肉	51	24	25
(成)猪肉	51	20	29
(幼)猪肉	50	28	21
鸡肉	55	33	12
鱼肉	73	20	7

1. 肌纤维蛋白质

肌纤维蛋白质又称肌蛋白，是肌肉蛋白质的主要部分，一般占 40％～60％，具半可溶性或溶胀性。肌原纤维由丝状的蛋白质凝胶所构成，又称为收缩蛋白，它与肌肉的收缩、肌肉死后僵硬和食用肉的持水性、紧密度有关。它由低盐浓度下可溶的肌球蛋白（肌凝蛋白）、肌动蛋白、肌动球蛋白（又称为肌纤凝蛋白）等蛋白构成，其中肌球蛋白为肌动蛋白的二倍以上，构成粗丝，约占肌肉总蛋白的 1/3，占肌原纤维蛋白质的 50％～60％，微溶于水，能在一定浓度的盐溶液中溶解，易成凝胶。在 pH 值 6.5、加热到 45℃时就开始变性凝固，与肌动蛋白结合形成肌动球蛋白，这是肉胶凝时的一种主要状态，决定肌肉的持水性和黏着性，控制肉的嫩度。

2. 肌浆蛋白质

肌浆蛋白包括细胞质及各细胞器间隙中的可溶蛋白，主要参与物质代谢。肌浆蛋白质溶于水或低离子强度的中性盐溶液中，黏度低。包括肌溶蛋白、肌红蛋白、血红蛋白及肌浆酶等。一般约占肌肉中蛋白质总量的 20％～30％。这些可溶蛋白的分解对肉的风味有好处。烹饪中对肉的码味腌制能增加可溶蛋白，对肉的香味有帮助。加热和加盐都能使肌浆可溶蛋白变性、凝固。鲜肉压碎，肉汁部分的蛋白质主要就是这些蛋白质。

3. 基质蛋白质

基质是指肌肉组织磨碎之后在高浓度的中性盐溶液中充分浸提过后的残渣部分。它包括肌膜、血管、淋巴结、神经和结缔组织，是构成肌纤维坚硬部分的主要成分，基本上可以看作是肉的结缔组织的不溶部分，其蛋白质属于硬蛋白，包括胶原蛋白、弹性蛋白、网状蛋白。这些蛋白质与肉的硬度有关，其中胶原蛋白最重要。

胶原蛋白在结缔组织中含量丰富，如在肌腱等胶原纤维组织中，约占总固体量的 85％。胶原蛋白质地坚韧，不溶于一般溶剂，在酸、碱的环境中或长时间加热可膨胀。胶原蛋白由原胶原分子构成，原胶原分子横向结合成胶原纤维。原胶原分子由三条肽链先分别自绕为大螺旋后，又互绕成三股螺旋，肽链间和原胶

原分子排列成胶原纤维时,可形成共价交联,所以它很稳定。它的结构组成可表示如下:

单股肽链 —自绕→ 右旋大螺旋 —三条链互绕→ 三股螺旋 —平行或交叉定向排列/分子间共价结合→ 胶原纤维
(α-左螺旋)　　　　　　　　　　　　　　　　　(原胶原)

胶原蛋白是决定肉质的主要因素。胶原蛋白的强度由其分子间交联程度所决定,交联程度越大,肉质越硬。共价交联随年龄增大而增多,所以年幼的动物比年老的动物肉娇嫩。胶原纤维不溶于水,具有高度的结晶性和热收缩性。当加热到一定温度(40~70℃)时会猛烈收缩,缩短 2/3 以上,导致肉的硬度增加。在超过 75℃加热,胶原蛋白吸水,时间长,还可水解成明胶,硬度下降。可见,适当的加热,可使肉的硬度下降,有利于改善肉质。

弹性蛋白和胶原蛋白相似,在很多组织中与胶原蛋白共存。它是黄色弹性纤维的组分,在韧带、血管等组织中较多,约占弹性组织总固体量的 25%。弹性蛋白的弹性很强,但强度则不如胶原蛋白。它的化学性质很稳定,一般不溶于水,即使在热水中煮沸也不会分解。

(二)其他成分

1. 水分

水分是肉中含量最多、含量变化也最大的成分。肌肉含水最高,其次为皮、骨骼,含量最低的组织是脂肪。肉中的水分有 5%~10%为结合水,其余的水是自由水,理论上都可以除去。在不加热等自然条件下,肉中真正可以流动的水和可以挥发出的自由水不超过 20%,而约占总水量 80%的水是不易流动的。因为,肉中的纤丝、肌原纤维膜间的毛细管力、表面张力和细胞的渗透压力维持着这些水。这些水虽然不流动但能溶解盐及其他物质,在条件改变时也是可以流失的。这部分水的重要性比结合水更大,所以,肉的保水性和嫩度就取决于肌肉对这部分水的保持能力。

2. 脂肪

动物性脂肪 96%~98%是甘油三酯,还有少量的磷脂和固醇酯。动物脂肪含有较多的饱和脂肪酸如棕榈酸、硬脂酸。特别是牛、羊脂肪中饱和脂肪酸含量高于猪和禽类,其熔点高,常温下呈固态。肉中脂肪的含量、分布和状态直接影响肉的多汁性和嫩度,与水分含量呈负相关。磷脂以及胆固醇也是构成细胞的特殊成分,对肉类制品的质量、颜色、气味具有重要作用。磷脂含量和肉的酸败程度有很大关系,因为磷脂含不饱和脂肪酸比脂肪高得多。

鱼类脂肪含量的变化主要是蓄积脂肪量的变化,而结构脂肪几乎不随鱼种、季节等因素变化。鱼贝类脂肪中,除含有饱和脂肪酸及油酸、亚油酸、亚麻酸等不饱和脂肪酸外,还含有 20~24 碳、4~6 个双键的高度不饱和脂肪酸,其中二十二碳五烯酸(EPA)和二十二碳六烯酸(DHA)的含量较多。

3. 浸出物

浸出物是指肉组织中能溶于水的浸出性物质。煮肉时溶出的成分即为浸出物，包括含氮浸出物和无氮浸出物。含氮浸出物是肉滋味的主要来源，包括游离氨基酸、肽、磷酸肌酸、核苷酸及肌苷、尿素等，它们主要是非蛋白态氮化合物。氧化三甲胺是广泛分布于海产动物中的浸出物成分，淡水鱼中不含氧化三甲胺。无氮浸出物主要有糖原、葡萄糖、核糖及有机酸如甲酸、乙酸、丁酸、延胡索酸等。

鱼肉比畜肉的浸出物多，达到 $1\%\sim5\%$，软体动物肉中则含 $7\%\sim10\%$，甲壳类动物肌肉中含 $10\%\sim12\%$。红身鱼肉中的浸出物含量多于白身鱼类，组氨酸含量也远多于白身鱼类。

第三节　可食性植物食品的组成、结构及特性

一、水果蔬菜的组成、结构及特性

(一)果蔬食品的组织形态和结构

根据形态结构和生理功能，植物组织可以分为分生组织、薄壁组织、保护组织、机械组织、输导组织和分泌组织。其中，后五种组织都是分生组织衍生而来的，所以也称它们为成熟组织。薄壁组织是构成植物各个器官的最基本组织，它是一种包围在硬化的或木质化组织周围的柔软或多汁液的组织。可食植物组织的大部分都是由薄壁组织构成的，因此薄壁组织对这些食品的质构有决定性作用。例如，苹果的薄壁组织含有一定机械强度的果胶物质，但细胞间隙大，含有水分和空气，因此具有硬脆的口感。

可食用植物原料往往不是全部植物体，而是其中的一部分。常见的是根、茎、叶、花和果实等五种植物器官部分，例如，甘薯、甜菜等是根类原料；土豆、甘蓝等是茎类原料；菠菜、苋菜等是叶类原料；而大多数水果、豆类和谷类都属于果实类原料。

(二)果蔬的主要化学成分

果蔬的水分含量很高，一般为 $70\%\sim90\%$，有的高达 95% 以上。果蔬的其他化学成分按在水中的溶解性质可将其分为水溶性成分和非水溶性成分。水溶性成分主要是：糖类、果胶、有机酸、单宁物质、水溶性维生素、酶、含氮物质、矿物质等；非水溶性成分主要是：纤维素、半纤维素、木质素、原果胶、淀粉、脂肪、脂溶性维生

素、脂溶性色素、部分含氮物质、部分矿物质和部分有机酸盐等。

1. 糖类

糖类是果蔬中的主要成分,在新鲜原料中的含量仅次于水分,主要包括单糖、低聚糖、淀粉、纤维素、半纤维素、果胶等物质。

1) 单糖和低聚糖

果蔬以蔗糖、葡萄糖、果糖含量最多,其次是阿拉伯糖、甘露糖以及山梨醇、甘露醇等糖醇。一般情况下,水果中的总糖含量为 10% 左右,其中仁果和浆果类中还原糖类较多,核果类蔗糖含量较多,坚果类糖的含量较少,蔬菜中除了甜菜以外,糖的含量也较少。

2) 淀粉

蔬菜中薯类所含的淀粉最多,可达 20% 左右。未成熟的仁果中含有数量不多的淀粉,随着成熟度的增加,淀粉在淀粉酶的作用下逐渐分解,完全成熟时淀粉含量在 1% 左右。其他水果如桃、李、杏、柑橘等品种在成熟后基本不含淀粉,只有香蕉的淀粉含量较多,未成熟时,淀粉的含量可高达 26% 左右,成熟后淀粉的含量大约为 1%。

3) 果胶物质

果胶物质是植物细胞壁的成分之一,存在于相邻细胞壁的中胶层中,起着将细胞黏结在一起的作用,广泛分布在水果和蔬菜中(见表 3-5)。果胶物质的基本结构单位是 D-吡喃半乳糖醛酸,它以 α-1,4 苷键结合成长链,通常以部分甲酯化状态存在。

表 3-5 果蔬中果胶质含量 单位:%

果 蔬	果胶质含量	果 蔬	果胶质含量
胡萝卜	6.5～11.8	苹 果	0.40～1.30
甘 蓝	5.2～7.5	柑 橘	0.70～1.50
番 茄	2～2.5	西 瓜	0.8～4.1
土 豆	0.6	山 楂	6～7
南 瓜	7～17	黑醋栗	0.60～1.70
杏	0.45～0.80	草 莓	0.30～0.80

存在于植物体内的果胶物质一般有原果胶、果胶和果胶酸三种形态。

(1) 原果胶泛指一切水不溶性果胶类物质。原果胶存在于未成熟的水果和植物的茎、叶里,一般认为它是果胶质与纤维素或半纤维素结合而成的高分子化合物。未成熟的水果比较坚硬就是因为有原果胶的存在。

（2）果胶是羧基不同程度甲酯化的聚半乳糖醛酸的总称，存在于植物细胞汁液中。在成熟果蔬的细胞液内含量较多。

（3）果胶酸是果胶的甲酯基完全水解后生成的一种酸，稍溶于水，遇钙生成不溶性沉淀。当果蔬变成软疡状态时，含量较多。

果蔬等植物食品质构的老嫩，由果胶质、纤维素、半纤维素和木质素决定。这些成分中，果胶是最容易发生变化的，因此，果胶对水果蔬菜的质构起决定性作用。新鲜幼嫩的植物中，果胶的含量少，而年老的植物组织中较多。当果蔬组织软疡时，其果胶物质有很多都水解为果胶酸、甚至半乳糖醛酸了（见图3-1）。烹饪加工中对果蔬的热烫、焯水等加热处理，也能促进这种反应。所以，大多数蔬菜，特别是鲜嫩的叶菜，加热时间不宜太长。

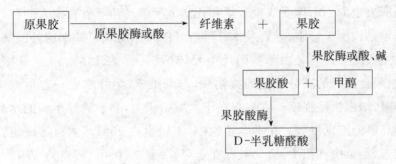

图3-1　果胶物质的分解过程及产物

果胶酸的钙盐不溶于水、无黏性。若采用硬水腌渍咸菜或焯水（含 Ca^{2+}，Mg^{2+}），则可使腌制成的黄瓜等原料的质地脆嫩，这是由于生成了溶解度小的果胶酸钙，起到粘连组织的作用。受到硬水浸后的马铃薯、甘薯等不易煮烂，也是因为有果胶酸钙生成的缘故。

果胶的一个重要特性就是在一定脱水剂（如蔗糖、甘油）及 pH 2.0～3.5 条件下，或与高价阳离子如 Al^{3+}，Ca^{2+}，Mg^{2+} 等结合，发生胶凝，形成凝胶，这在烹饪中有许多应用。而且，果胶与明胶、琼胶不同，它是热不可逆凝胶，在高温时也能胶凝、抗热性好，所以，它可以应用到烹饪加热食品中，增加米粉、面食的抗煮性。果胶还可作为果酱与果冻的胶凝剂，在生产酸奶、蛋黄酱、番茄酱、混浊型果汁、饮料以及冰淇凌时还用作基质成分。

4）纤维素和半纤维素

纤维素和半纤维素都是植物的骨架物质，是细胞壁和皮层的主要成分，对果蔬的形态起支持作用。幼嫩植物的细胞壁为含水纤维素，软而薄，食用时感觉细嫩，脆度高，容易咀嚼，但在老熟之后，纤维组织产生木质和角质，使植物成为坚硬而粗糙的物质，食用价值显著下降。这种状态可保护果蔬免受机械损伤且能够增加果蔬的耐藏性。

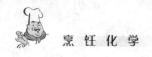

半纤维素在水果蔬菜中有多重作用,既有类似纤维素的支持功能,又有类似淀粉的贮藏功能。半纤维素不溶于水,但能溶于稀碱,也易被稀酸水解成单糖。

2. 胞外其他成分

植物的角质是 16～18 个碳原子的羟基脂肪酸与多不饱和脂肪酸的聚合物。角质的组成成分因植物的种类而有很大的差别。角质是角质层的骨架物质,一般分布在茎、叶表面的细胞外,与空气接触的叶肉细胞等的游离表面也存在。角质层常分两层,紧靠表皮细胞外壁,是由角质和纤维素组成的角化层;细胞壁外面是一层较薄的、由角质与蜡质混合组成的角质层。

木栓质指细胞壁发生栓质化时壁中所堆积的物质,是含长链的二十二个碳原子的羟基脂肪酸或二羧酸的聚合体。栓质化的细胞壁,难以通气透水,这是由木栓质的性质所决定的。木栓质从生理学和化学方面都与角质具有很大的相似性。

木质素是包围于管胞、导管及木纤维等纤维束细胞及厚壁细胞外的物质,是植物骨架的主要成分。它是由苯基丙烷单元(对香豆醇、松柏醇、5-羟基松柏醇、芥子醇)随机聚合而成的高分子醇酚类物质,与纤维素、半纤维素一起形成交织网来硬化细胞壁,增强机械强度。它多存在于木质组织中,利于输导组织的水分运输和抵抗外界环境的不良侵袭。在木本植物中,木质素占 25%。木材等硬组织中木质素含量较多,蔬菜中则很少见,一般存在于豆类、麦麸、可可、巧克力、草莓及山莓的种子部分。

3. 其他成分

果蔬特别是水果中存在较多的有机酸,它们使水果呈酸味。其中,苹果酸在仁果类的苹果、梨,核果类的桃、杏、樱桃,以及莴苣、番茄中含量较多;柠檬酸为柑橘类果实所含的主要有机酸;酒石酸为葡萄中含有的主要有机酸,故有时称为葡萄酸;草酸是果蔬中普遍存在的一种有机酸,尤其在菠菜、竹笋中含量较多,在果实中含量极少。

果蔬的含氮物质主要是蛋白质和氨基酸,此外还有酰胺、铵盐、硝酸盐及亚硝酸盐等。果蔬的丹宁(鞣质)具有收敛性的涩味,对果蔬及其制品的风味起着重要作用,在果实中普遍存在,在蔬菜中含量较少。含丹宁的果蔬在加工过程中如处理不当,常会引起各种不同的色变。果蔬的种子或特定组织中常常含有各种糖苷,它们具有特定的生物功能,对食品色泽、气味、滋味和安全性都有影响。

果蔬的芳香物质具有其特征香味,它们可以分馏出来形成所谓挥发油(又称精油)。挥发油因果蔬种类不同而差异甚大,其主要成分为醇、酯、醛、酮和烃类,还有醚、酚、含硫及含氮化合物(见表 3-6)。加热易使这些挥发物质损失,所以果蔬加热烹调要特别注意这个问题。

表 3-6 常见的一些精油成分

苹果油	乙酸戊酯、己酸戊酯等
桃　油	甲酸、乙酸、戊酸、己酸等、葵醇酯
柠檬油	柠檬醛、辛醛、壬二醛、柠檬烯
甜橙油	葵醛、柠檬醛、辛醇
橘皮油	柠檬醛、橙花醇
大蒜油	二丙基二硫化物
洋葱油	烯丙基丙基二硫醚等
芹菜油	丙酯、柠檬醛等

水果蔬菜中也普遍存在酶,例如,酚酶、维生素 C 氧化酶、过氧化氢酶及过氧化物酶等,果胶酶、淀粉酶、蛋白酶也在一些果蔬原料中存在。另外,果蔬含油脂少,植物的茎、叶和果实表面上常有一层薄薄的蜡。

二、谷禾类食品的组成、结构及特性

(一)谷禾类食品总论

1. 谷禾类籽粒的形态

谷禾类是制作各种主食的原料,属于单子叶的禾本科植物,它们的果实通常称为"籽粒",具有皮层、胚和胚乳三部分基本结构。胚是种子的主要部分,由受精卵发育而成。各类种子的胚形状各异,基本可分为胚芽、胚茎(轴)、胚根和子叶四部分。

2. 谷禾类的化学组成

烹调加工中使用的面粉、大米等属于含水少的干燥食品原料,主要化学成分是糖类,其次是蛋白质,此外还含有脂肪、矿物质、维生素等。

1)谷物蛋白

小麦、稻米、大麦、玉米等谷物的蛋白质含量均在 10% 左右。小麦中蛋白质含量稍高于其他种类。谷物蛋白都是种子胚乳中的贮藏蛋白,主要有水溶性的清蛋白和球蛋白、无水溶性但具溶胀性的谷蛋白和醇溶谷蛋白四类。后两种蛋白常为主要部分,占 70% 以上,不过品种、季节、产地不同的谷物,其含量有差异。在决定谷物的加工性能方面,不溶蛋白和可溶蛋白的相对含量起着很重要的作用。表 3-7 是主要的谷物蛋白种类在含量上的比较。

2)谷物淀粉

谷物淀粉贮藏在胚乳中,含量一般为 60%～75%。各种谷物籽粒中的淀粉含量见表 3-8。

表3-7 主要谷物的蛋白质组成

品 种	总蛋白/%	组成/占总蛋白的%			
		清蛋白	球蛋白	醇溶谷蛋白	谷蛋白
糯白米	7.50	6.1	9.7	2.9	70.2
精白米	14.8	3.4	6.4	2.7	74.3
小 麦	9~14	3~5	5~8	35~40	45~50
高 粱	9~13	<1	<1	60~70	30~40
玉 米	7~13	0	5~10	50~55	35~45
黑 麦	12.1	5~10	5~10	30~50	30~50
大 麦	10~16	3~4	10~20	35~45	35~45
燕 麦	14.2	1	80	10~15	5

表3-8 常见谷类的淀粉含量(干基) 单位:%

名 称	淀粉含量	名 称	淀粉含量
糙 米	75~80	燕麦(不带壳)	50~60
普通玉米	60~70	燕麦(带壳)	35
甜玉米	20~28	荞 麦	44
高 粱	69~70	大麦(带壳)	56~66
粟	60	大麦(不带壳)	40
小 麦	58~76		

谷物淀粉中支链淀粉含量高,直链淀粉含量低,不同淀粉的结晶化程度不同,其直链淀粉含量也不同,可参见表3-9。

表3-9 一些谷物的直链淀粉含量 单位:%

名 称	直链淀粉含量	名 称	直链淀粉含量
大 米	17	糯 米	0
普通玉米	26	燕 麦	24
甜玉米	70	高 粱	27
蜡质玉米	0	糯高粱	0
小 麦	24		

3) 谷物油脂

谷物籽粒的油脂含量通常都较低,属于低脂食品。但在谷物的某些部分,油脂的含量较高,如米糠、玉米胚就含较多油脂。谷物油脂中含谷固醇而没有胆固醇,因此质量较高。可参见表 3 - 10。

表 3 - 10　谷物油脂的含量　　　　　　　　　　　单位：%

种　　类	含　　量	种　　类	含　　量
小　麦	2.1～3.8	玉米胚	23～40
大　麦	3.3～4.6	小麦胚	12～13
黑　麦	2.0～3.5	米　糠	15～21
稻　米	0.86～3.1	高　粱	2.1～5.3
小　米	4.0～5.5	玉　米	3～5

注：以干粒重计。

（二）谷禾类食品各论

1．小麦

小麦在食用时多磨制加工成面粉。由于品种、产地、播种季节、磨粉精度的不同，小麦粉的化学组成也有变化，可参见表 3 - 11。

表 3 - 11　小麦面粉的主要化学成分　　　　　　　单位：%

品　种	水　分	蛋白质	脂　肪	糖　类	灰　分	其　他
标准粉	11～13	10～13	1.8～2	70～72	1.1～1.3	少量维生素和酶
精白粉	11～13	9～12	1.2～1.4	73～75	0.5～0.75	

1）糖类

小麦粉的主要成分是糖类，约占总重的 70%，其中淀粉占绝大部分，以淀粉粒形式存在的淀粉占总量的 75% 左右。淀粉的组成包括 24% 的直链淀粉和 76% 的支链淀粉。

小麦粉还含有纤维素、糊精、低聚糖和单糖（共约 2.8%）。粗纤维大多存在于麦皮中，粗纤维在低级粉中含量较高，影响口感和色泽。低聚糖和单糖中有少量葡萄糖（0.09%）、果糖（0.06%）、蔗糖（0.84%）和棉籽糖（0.33%），还含有葡果聚糖（1.45%）、水溶性戊聚糖（1.0%～1.5%）、水不溶性戊聚糖（2.4%）。小麦胚中总糖含量相当高（24%），主要是蔗糖和棉籽糖，麸皮中主要的糖也为蔗糖和棉籽糖，达 4%～6%。

2）蛋白质

面粉蛋白质含量通常在 12%～14% 之间，随面粉加工精度的提高而降低。面粉中的蛋白质主要为麦胶蛋白、麦谷蛋白、麦白蛋白、球蛋白，它们缺少赖氨酸、色氨酸和苯丙氨酸，为非优质蛋白。有关它们的特性在本书第五章中将进一步介绍。

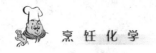

3) 脂类

小麦中的脂类物质主要存在于胚芽和糊粉层中,含量为 2%～4%,多由不饱和脂肪酸组成,易氧化酸败,所以在制粉过程中一般要将胚芽除去。其中,脂肪在小麦中的含量为 1%～2%,磷脂含量为 0.65%,全粒中植物固醇含量为 0.031%～0.07%,而麦胚中植物固醇含量为 0.2%～0.5%。

此外,小麦中还含有丰富的维生素 E 和 B 族维生素,不含维生素 C 和维生素D。矿物质在小麦中主要存在于胚芽和谷皮中,如钙、磷、铁、镁、钠、碘、铝、铜等,其中铁、钾等含量比大米高出 3～5 倍。随着加工精度的提高,维生素和矿物质的含量相应降低。

2. 稻米

稻谷脱壳后的果实称为颖果,又称糙米,由皮层、胚乳和胚三部分组成。其中,胚乳是主要部分。胚位于糙米腹部下端,与胚乳连接不紧密,碾米时容易脱落。包在胚乳和胚外面的为糙米的皮层,碾米时皮层全部或部分地被剥离,称为米糠或细糠。稻米的主要化学组成如下。

1) 糖类

大米的糖类主要为淀粉,大部分存在于胚乳中,含量约为 70%。直链淀粉含量低的米粒,米饭黏性大,冷却后不易变硬,口感好。如粳米的直链淀粉含量为17%～25%,籼米的直链淀粉含量可达到 26%～31%,故用粳米做米饭时易蒸煮、易糊化,做出的米饭口感柔滑、粘糯、可口。糯米中支链淀粉的含量甚至可达 100%,所以黏性很强。糙米约含有 1.3% 的低分子糖,主要是蔗糖,此外还有少量葡萄糖、果糖、棉籽糖。白米含糖量更低,约为 0.5%,以蔗糖为主。稻谷中粗纤维的含量大约为 10%,主要分布在稻壳中,其次是皮层,胚乳中仅含0.34%。

2) 蛋白质

大米蛋白质含量为 7%～8%,主要成分为碱溶性的谷蛋白、谷胶蛋白、球蛋白、清蛋白等,均为非面筋蛋白质。所以,用大米磨制的米粉团没有弹性和韧性,但成形性好。制作米线、年糕等米粉制品时,依靠的是大米淀粉糊化后所产生的黏性。大米蛋白质大部分分布在糊粉层中,胚乳中含量较少。稻谷籽粒强度与蛋白质的含量有关,蛋白质含量越高,则籽粒的强度越大,耐压性越强,加工时产生的碎米也少。大米加工精度越高,碾去的糊粉层就越多,蛋白质损失也就越多。

3) 脂肪

稻谷中脂肪含量一般在 2% 左右,大部分集中在胚和皮层中。经碾制后的白米,由于胚和皮层大部分被碾去,因而脂肪的含量很低。但是,米糠中脂肪的含量则很多,所以米糠可用于制油。

3. 其他谷禾类食品

1）玉米

成熟的玉米籽粒胚乳中的粉质部分主要是淀粉成分，蛋白质含量少，而角质部分蛋白质含量多。

普通玉米淀粉中直链淀粉占27％，其余是支链淀粉，高直链淀粉玉米中直链淀粉可高达50％～80％。除淀粉外，玉米还含有各种多糖类、寡糖、单糖，大部分在胚中，甜玉米的蔗糖含在胚乳中。

玉米蛋白质的含量为6.5％～13.2％，仅次于小麦和小米，其中80％的蛋白质在玉米胚乳中，而另外20％在玉米胚中。玉米籽粒中的胚乳同时有玻璃质和不透明部分，是由于蛋白质的分配不同导致的。玉米中的蛋白质有清蛋白、球蛋白、醇溶谷蛋白、谷蛋白和其他蛋白，缺少小麦中所含有的麦胶蛋白、麦谷蛋白，所以玉米粉没有面筋，其烘焙性能比小麦粉差。

玉米所含脂肪为3.6％～6.5％，超过其他谷物。脂肪主要分布在胚中（85％左右），胚中的脂肪含量高达34％～47％，而且脂肪的消化率极高。玉米胚的脂肪中不饱和脂肪酸（亚油酸）含量居多，极易氧化变质。这是玉米籽粒和不提胚的玉米粉不易保存的主要原因。

2）其他

大麦含有7％～14％的蛋白质，46％～68％的淀粉，1％～3％的脂肪和2％～3％的矿物质。六棱大麦成分虽然和小麦十分近似，其蛋白质组成主要为麦谷蛋白和大麦醇溶蛋白，但是大麦醇溶蛋白缺乏麦胶蛋白的黏性，因此大麦粉不能形成面筋。

燕麦蛋白质含量为12％～18％，脂肪4％～6％，淀粉21％～55％。其蛋白质中氨基酸组成合理，在谷物中是独一无二的。燕麦中蛋白质的分配不同于其他谷物，醇溶谷蛋白仅占总蛋白的10％～15％，占优势的是球蛋白（55％），谷蛋白约占20％～25％。燕麦淀粉胚乳中，主要的糖为蔗糖和棉籽糖。

高粱所含的碳水化合物较高，可供给人体较多的热量，蛋白质大部分是醇溶性蛋白质，人体不易消化吸收，而且缺乏赖氨酸和苏氨酸。高粱含有较多的鞣酸，特别是深色品种的高粱种皮中含鞣酸可达1.3％～2％，不仅味涩，而且食用后能使肠液分泌减少，影响营养物质的吸收。鞣酸主要含在皮层，所以高粱的加工精度宜高一些。

荞麦蛋白质含量丰富，高达15.3％，而且氨基酸的构成比较平衡，赖氨酸的含量是籼米的2.7倍，小麦粉的2.8倍，脂肪含量是稻米、小麦粉的5～6倍，脂肪中富含亚油酸，维生素和钙、磷、铁等矿物质的含量也比较丰富。用荞麦制成的麦片是供航空人员、婴幼儿和病人食用的理想食品。

三、大豆的组成、结构及特性

大豆属豆科、蝶形花亚科、大豆属，为一年生草本植物。大豆种子是典型的双子叶无胚乳种子，成熟的大豆种子只有种皮和胚两部分。

（一）大豆的组织形态

大豆种子的胚由胚根、胚轴（茎）、胚芽和两枚子叶四部分组成。大豆子叶是主要的可食部分，约占整个大豆籽粒重量的 90％。其细胞内白色的细小颗粒称为圆球体，其直径为 0.2～0.5 微米，内部蓄积有中性脂肪；散在细胞内的黑色团块，称为蛋白体，直径为 2～20 微米，储存有丰富的蛋白质。

（二）大豆的化学组成

大豆主要含蛋白质、脂肪、糖。

1. 蛋白质

大豆蛋白质丰富，含量达 30％～50％，其氨基酸组成平衡，营养较为理想，但消化吸收差。大豆蛋白质根据在籽粒中所起的作用不同，分为贮存蛋白、结构蛋白和生物活性蛋白。贮存蛋白是主体，约占总蛋白的 70％，它与大豆的加工性关系密切；生物活性蛋白种类较多，如胰蛋白酶抑制剂、β-淀粉酶、血球凝集素、脂肪氧化酶等，它们在总蛋白中所占比例虽不多，但对大豆制品的质量却非常重要。例如，胰蛋白酶抑制剂含量为 17～27 mg/g，占大豆贮存蛋白总量的 6％。由于胰蛋白酶抑制素可影响动物胰脏功能，因此在大豆食品加工中，需钝化其活性。又例如，大豆脂肪氧化酶可以催化大豆中的亚油酸、亚麻酸等不饱和脂肪酸氧化分解成各种挥发性化合物，形成大豆特有的风味。

大豆蛋白的主要特点就是各组分蛋白质分子在一定的 pH、盐离子下彼此能缔合形成分子聚集状态——大豆蛋白体，与牛奶酪蛋白的分散体系相似，呈现为多分散体系的特征，加热时凝固性不明显，其溶解性和分散程度受温度、浓度、pH 值、中性盐等因素影响。

在 pH 4.2～4.3（等电点）时，大豆蛋白质的溶解度最低，当溶液为中性到碱性以及 pH 值接近 2 时，溶解度都高。一般在实际操作中，多采用中性到微碱性（pH 6.5～8）的条件增溶，而用酸来作为沉淀和凝固剂，如葡萄糖酸内酯。钠盐、钙盐等中性盐浓度提高时，蛋白溶解度呈下降趋势，因此钙、镁等碱土金属盐类可用于沉淀大豆蛋白质。

2. 脂类

大豆油脂含量在 20％左右，常温下为液体，主要成分为脂肪酸甘油酯。构成大豆油脂的脂肪酸种类达 10 种以上，其中不饱和脂肪酸含量约为 80％，作为人体必需脂肪酸的亚油酸含量为 50％。大豆油不但具有较高的营养价值，而且对大豆食品的风味、口感等方面有很大的影响,如豆浆中含有一定的脂肪会产生一种润滑感,否则就会使人感到苦涩粗糙。除脂肪酸甘油酯外,大豆油中还含有1.1%～3.2%的磷脂,如卵磷脂、脑磷脂及磷脂酰肌醇等。

3. 糖类

大豆中的糖类含量约为25%,主要成分为蔗糖、棉籽糖、水苏糖等低聚糖类和阿拉伯半乳聚糖等多糖类,这些糖除蔗糖外,都难以被人体所消化,其中有些在人体肠道内还会被微生物利用产生气体,使人有胀气感。所以,大豆用于食品时,往往要设法除去这些不易消化的碳水化合物。成熟的大豆中淀粉含量甚微,为0.4%～0.9%,青豆(毛豆)比成熟大豆淀粉含量稍多。另外,在成熟的大豆中还没有发现葡萄糖等还原性糖。

四、薯类的物质组成及特性

薯类在营养上可以看成粮食和蔬菜的结合体,其主要成分就是淀粉,含量在10%～30%之间。下面以马铃薯为例来介绍薯类的组成和特性。

马铃薯属于茄科茄属马铃薯种,别名土豆、洋芋、山药蛋等。它的块茎是短而肥大的变态茎,是其在生长过程中积累并储备营养物质的仓库。马铃薯块茎经日光照射过久,皮色则变绿。见光过久和已萌芽的块茎中含有较多的龙葵素,在收获贮藏的过程中,要尽量减少其见光的机会。龙葵素是一种有剧毒的以茄啶(茄碱、卡茄碱)为配糖体的糖苷生物碱,微溶于乙醇,很难溶于水,含量以未成熟的块茎为多,约占鲜重的0.56%～1.08%,其含量以外皮为最多,髓部最少。每100克鲜薯中的龙葵素含量达到20毫克时,人体食用后就会出现中毒症状。马铃薯块茎的果肉一般是白色的,带有不同程度的浅黄色,个别品种块茎的果肉呈红色或蓝紫色。马铃薯块茎的化学组成为:水分含量63.2%～86.9%,淀粉含量8%～29%,蛋白质含量0.75%～4.6%,另外,还含有丰富的铁、维生素等。

1. 淀粉和糖分

马铃薯支链淀粉占总淀粉量的80%左右。马铃薯淀粉的灰分含量比谷禾类作物淀粉的灰分含量高1～2倍,且其灰分中平均有一半以上是磷。磷含量与黏度有关,含磷愈多,黏度愈大。糖类占马铃薯块茎总重量的1.5%左右,主要为葡萄糖、果糖、蔗糖等。新收获的马铃薯中含糖少,经过一段时间的贮藏后糖分增多,尤其是低温贮藏对还原糖的积累特别有利。糖分多时可达鲜薯重的7%,这是由于在低温条件下,块茎内部进行呼吸作用所放出的CO_2大量溶解于细胞中,从而增加了细胞的酸度,促进了淀粉的分解,使还原糖增加。还原糖增高,会使一些马铃薯制品的颜色加深。

2. 含氮物

马铃薯块茎中的含氮物包括蛋白质和非蛋白质两部分,以蛋白质为主,占含氮

Peng Ren Hua Xue

物的 40%～70%。马铃薯蛋白质主要由盐溶性球蛋白和水溶性蛋白组成,其中球蛋白约占 2/3,这是完全蛋白质,几乎含有所有的必需氨基酸,因此马铃薯蛋白质在营养上具有重要意义。其等电点 pH 恒为 4.4,变性温度为 60℃。淀粉含量低的块茎中含氮物多,不成熟的块茎中含氮物更多。

3. 其他成分

马铃薯块茎脂肪含量为 0.04%～0.94%,脂肪主要是由棕榈酸、豆蔻酸及少量的亚油酸和亚麻酸的甘油酯组成。马铃薯有机酸含量为 0.09%～0.3%,主要有柠檬酸、草酸、乳酸、苹果酸,其中主要是柠檬酸。马铃薯中已发现的维生素有维生素 A、维生素 B_1、维生素 B_2、维生素 B_3、维生素 PP 及维生素 C,其中以维生素 C 为最多。马铃薯中含有淀粉酶、蛋白酶、氧化酶等。马铃薯灰分约占干物质重量的 2.12%～7.48%,平均为 4.38%。其中以钾为最多,约占灰分总量的 2/3。马铃薯的灰分呈碱性,对平衡食物的酸碱度具有显著的作用。

第四节 乳类和蛋类的组成、结构及特性

一、乳的物质组成、状态及特性

乳是哺乳动物分娩后由乳腺分泌的一种白色或微黄色的不透明生理液体,它含有幼体生长发育所需要的全部营养成分,其消化率和吸收率都很高。乳的主要成分是水分,同时含有蛋白质、脂肪、乳糖等,是一种复杂的分散体系:蛋白质构成乳胶体(胶束悬浮液和胶体溶液)、乳脂肪构成乳化液、乳糖和盐类等构成真溶液成分。正常牛乳中各种成分组成大体上是稳定的,但受乳牛的品种、个体、泌乳期、畜龄、饲料、季节、气温、挤奶情况及健康状况等因素的影响而有差异,其中变化最大的是脂肪,其次是蛋白质,乳糖及灰分含量比较稳定。不同动物乳的化学成分参见表 3-12。下面主要介绍牛奶的组成和特性。

表 3-12 动物乳的一般化学组成　　　　　　　　单位:%

来 源	脂 肪	酪蛋白	乳清蛋白	乳 糖	灰 分	总固体
奶 牛	3.9	2.6	0.6	4.6	0.7	12.5
奶 羊	7.2	3.9	0.7	4.8	0.9	17.5
山 羊	4.5	2.6	0.6	4.3	0.8	12.8
水 牛	7.4	3.2	0.6	4.8	0.8	16.8

（一）乳蛋白质

乳蛋白质占总质量的 3.0%～3.5%，见表 3 - 13。

表 3 - 13　牛奶主要蛋白质的组成和特点

蛋白质种类	脱脂乳蛋白质中含量/%	电泳峰（No）	等电点	沉降系数（S_{20}）	相对分子质量	特　点
酪蛋白	76～86		4.6			
α_S-酪蛋白	45～55	1	4.1	3.99	23 000	不溶
κ-酪蛋白	8～15	1	4.1	1.4	19 000	可溶
β-酪蛋白	25～35	2	1.5	1.57	24 000	不溶
γ-酪蛋白	3～7	3	5.8～6.0	1.55	21 000	
乳清蛋白	14～24					
α-乳清蛋白	2～5	4	4.2～4.5	1.75	14 440	较稳定
β-乳球蛋白	7～12	6	5.3	2.7	36 000	易变性

1. 乳酪蛋白

乳酪蛋白约占乳蛋白质的 80%，当 pH＝4.6 时，从乳中沉淀出的部分即为酪蛋白。酪蛋白以"磷酸钙-酪蛋白酸钙"复合体形式存在，为直径 50～300 nm 的球状胶束，是由直径为 10～20 nm 的亚胶束构成的，其表面是 κ-酪蛋白层。柠檬酸盐、磷酸盐具有保护此复合结构的作用，当此复合体结构遭到破坏后，酪蛋白便自然析出。

酪蛋白加热凝固不明显，因为酪蛋白以磷酸钙胶束形式存在，具有明显的加热不凝固性质。但此胶束对于 pH 值非常敏感，当 pH 值调节至酪蛋白等电点 4.6 时，便会沉淀和凝固。凝乳酶能够水解 κ-酪蛋白，使胶束失去稳定性，牛乳蛋白也会沉淀。

2. 乳清蛋白

乳清中有清蛋白和球蛋白。当 pH＝4.6 时不从乳中沉淀出的部分蛋白质即为乳清蛋白。其特性为：在酸或皱胃酶作用下不凝固，易被消化吸收；初乳中含量高，加热后易形成凝块。乳清中的各种蛋白质，还具有耐搅打性，可用作西式点心的顶端配料，稳定泡沫。脱脂奶粉可以作为乳化剂添加到肉糜中，增加其保湿性。

（二）乳脂肪

乳脂肪占牛奶的 3%～5%，在牛奶中以脂肪球形式呈乳化状态存在。由于饲料、外界条件、牲畜的生理状态、泌乳期等的不同，脂肪含量差异很大，通常在2%～10%之间。乳脂肪中的脂肪酸达 20 种，乳脂熔点范围在 28.4～33.3℃。乳脂肪是赋予乳及乳制品风味的重要物质。

新鲜的牛乳由于有脂肪球、酪蛋白酸钙-磷酸钙胶束而呈乳白色，其所含的核黄素、叶黄素、胡萝卜素使牛奶稍带微黄色。牛乳相对密度范围为 1.030～1.032，

甲硫醚、丙酮、醛类、酪酸及其他微量游离挥发性脂肪酸（主要是醋酸、甲酸）使牛奶具有特定的乳香，而稍带甜味的原因是其含有乳糖。

二、蛋类的组成、结构及特性

蛋从营养学角度看是最完美的食品之一。蛋是一个完整的、具有生命的活卵细胞。蛋中包含着自胚发育、生长成幼雏的全部营养成分，同时还具有保护这些营养成分的物质。

（一）蛋的结构

蛋由蛋壳及其膜、蛋清和蛋黄三个主要部分构成（见图 3－2）。其中：蛋壳占 10%～13%；蛋壳膜占 1%～3%；蛋清占 55%～66%；蛋黄占 32%～35%。

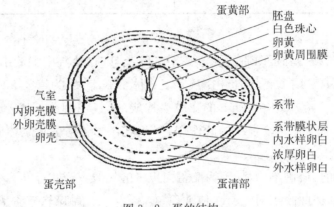

图 3－2　蛋的结构

蛋壳表面常带有深浅不同的色泽和肉眼看不见的微小气孔。蛋壳内有壳下膜，它和蛋清膜在蛋的钝端分离而形成气室，气室的大小与蛋的新鲜程度有关，是鉴别蛋新鲜度的主要标志之一。只有当蛋白酶破坏了蛋白膜以后，微生物才能进入蛋白内，所以蛋壳膜具有保护蛋内容物不受微生物侵蚀的作用。

蛋清呈不同浓度层：最外层（稀薄层）占全蛋的 20%～55%，次层（浓厚层）占全蛋的 27%～57%，最内层（稀薄层）占全蛋的 11%～36%。浓厚蛋白含量占全部蛋清蛋白的 50%～60%，含有特有成分溶菌酶。刚生的鲜蛋，浓厚蛋白含量高，溶菌酶含量多，活性也强，蛋的质量好，耐贮藏。浓厚蛋白含量的多少也是衡量蛋质量的重要标志之一。

蛋黄内容物的中央为白色蛋黄层，周围则为互相交替着的深色蛋黄层和浅色蛋黄层所包围着，蛋黄表面的中心是胚盘。蛋清的渗透压小于蛋黄的渗透压。因此蛋清中的水分不断向蛋黄中渗透，蛋黄中的盐类以相反方向渗透，使蛋黄体积不断增大，蛋黄膜弹性减小，当体积大于应有的体积时则破裂形成散黄。

（二）蛋的化学组成和特性

新鲜蛋 pH 值为 7.6～7.9，不新鲜度愈高，pH 愈高。鸡蛋各部分的化学组成情况如表 3－14 所示。

表 3－14　鸡蛋的化学组成　　　　　　　单位：%

部　分	总固体	蛋白质	脂　肪	碳水化合物	灰　分
蛋　清	11.1	9.7～10.6	0.03	0.4～0.9	0.5～0.6
蛋　黄	52.3～53.5	15.7～16.6	31.8～35.5	0.2～1.0	1.1
全　蛋	25～26.5	12.8～13.4	10.5～11.5	0.3～1.0	0.8～1.0

1. 蛋清

蛋清含水 87%～89%，12% 的固体是蛋白质，通常不含脂类物质，矿物质含量变化很大，蛋清还是维生素 B_2 的丰富来源。蛋清中的蛋白质包括：卵清蛋白、伴清蛋白、卵类黏蛋白、溶菌酶、卵黏蛋白。其中卵清蛋白占蛋清蛋白总量的54%～69%。

蛋清蛋白的主要功能是促进食品的凝结、胶凝、发泡和成形。卵清蛋白是主要的蛋白质，具凝固性，在烹饪加工中广泛用作黏结剂。在制作蛋糕、少司等食品时，鸡蛋起增稠作用，还可作为黏结剂和涂料，把易碎食品粘连在一起，使它们在加工时不致散裂。受热、盐、酸或碱及机械作用，蛋清会发生凝固，使蛋液增稠、流体（溶胶）变成固体或半流体（凝胶）状态。例如，蛋清中的氢氧化钠含量达到 0.2%～0.3% 时，蛋白就会凝固，这就是皮蛋形成的原理。蛋清具有起泡性，又称打擦度，是指搅打蛋清时，空气进入蛋液形成泡沫而具有的发泡和保持发泡的性能。蛋清良好的起泡性是因其高黏性对泡沫有稳定作用的缘故。因此蛋清可作为膨松剂，有助于改善面包、蛋糕和其他食品的质构。

2. 蛋黄

鲜蛋蛋黄的固形物含量为 52%～53%，主要成分是蛋白质和脂肪。蛋黄中蛋白质的含量约 16%，脂类的含量在 32%～35% 之间，此外还有少量的碳水化合物和矿物质。蛋黄中还含有丰富的维生素 A、维生素 D、维生素 E 和维生素 K，以及 1.1% 的无机盐。蛋黄蛋白质绝大部分是脂蛋白，它们分别存在于各种微粒体及微粒体所分散的水相中。其中微粒体含有脂磷蛋白、卵黄高磷蛋白、低密度脂蛋白、髓磷脂体等，水相中溶解的有卵黄球蛋白和低密度脂蛋白。所以，蛋黄实际上是含各种脂蛋白的微粒体均匀分散在卵黄球蛋白溶液中形成的分散体系。

蛋黄蛋白的主要功能是乳化性及乳化稳定性，应用于蛋黄酱、色拉调味料、油酥面团的制作等。

全蛋蛋白质含量为 12.8%～13.4%。鸡蛋蛋黄和蛋清的蛋白质组成及特性总结在表 3－15 中。

表 3-15 鸡蛋蛋清和蛋黄的蛋白质组成及特性

存在	种 类	含 量/%	特 性		应 用
			pI	热凝温度/℃	
蛋清	蛋清总蛋白	9.7～10.6 （占蛋清蛋白的%）		62～64	
	卵清蛋白	54	4.5	84	起泡、黏结
	卵伴清蛋白	12	6.1	61	黏结
	卵黏蛋白	3.5	4.5～5.0	—	黏性、稳泡
	卵类黏蛋白	11	4.1	70	黏性、稳泡
	溶菌酶	3.4	10.7	75	
	G_2-卵球蛋白	4.0	5.5	92.5	
	抗生物素蛋白	0.05	10	—	
蛋黄	蛋黄总蛋白	15.7～16.6 （占蛋黄固型物的%）	热凝固点：68～71.5℃（蛋黄） 72～77℃（混合蛋）		
	卵黄脂磷蛋白	16.1	60%的脂为磷脂		乳化
	卵黄高磷蛋白	3.7	含磷10%		乳化稳定
	蛋黄球蛋白	11	含糖蛋白		
	低密度脂蛋白	66	含脂84%～89%，其中中性脂75%		抗黏结

 本章小结

　　本章介绍了肉类、蛋类、乳类、谷类、果蔬类及薯类等常见烹调原料的形态结构和化学组成,分析和总结了这些烹调原料的加工性能和感官性能。

 练习：单项选择题

1. 下列不可能出现在动物性食品中的成分是（ 　　）。

　　A. 有机酸和硫化物　　　　　　　　B. 萜类和生物碱

　　C. 核酸和胺类　　　　　　　　　　D. 多糖和有机碱

2. 食品中除水可以以液态存在外,还有哪一种成分也可以以液态存在？（ 　　）

　　A. 无机盐　　　　B. 蛋白质　　　　C. 淀粉　　　　　　D. 脂肪

3. 加热煮熟的鸡蛋清和鲜鸡蛋的蛋清在下列哪方面不同？（ 　　）

　　A. 成分种类　　　B. 成分含量　　　C. 物质状态　　　D. 外观形态

4. 下面哪种状态是稳定的？（ 　　）

　　A. 熔化后冷却的糖膏　　　　　　　B. 加热熬制的奶汤

　　C. 烹调勾芡成的芡糊　　　　　　　D. 晾干的豆皮

5. 食用肉的组织主要是（ 　　）。

A. 肌肉组织 B. 脂肪组织 C. 上皮组织 D. 结缔组织

 应用：与工作相关的作业

1. 为什么豆浆、牛奶加热不凝固，而蛋清加热容易凝固？

2. 不同肉的嫩度、气味可能不同，这主要是哪些成分的差异导致的？

3. 影响植物性原料（如菠菜等）的口感、风味、颜色等性能的成分可能有哪些物质？

4. 举出烹调中蛋类原料的四种以上不同的用法及其原理。

5. 如何将食用砂糖制作成：固体胶体、含油乳化液、气液分散体系状态？

6. 解释下列现象：

(1) 烹饪中叶菜容易煮软、煮烂，而玉兰片、竹笋很难煮软；

(2) 把果蔬原料放入溶有钙盐如碳酸钙等水溶液中进行短期浸泡可以提高脆性；

(3) 米粉、燕麦、大麦粉、玉米粉都是无筋性物料。

 案例分析

豆腐制作工艺改良

豆腐形成过程和机制概括如下（并参见图 3-3）。请根据该机制和食品组织结构的有关知识分析提高豆腐嫩度的工艺措施。

(1) 当大豆浸于水中时，蛋白体膜就会吸水溶胀变软，受到机械破坏时，蛋白体解聚，分散于水中，形成蛋白质溶胶（生豆浆）。

(2) 生豆浆加热后，蛋白质变性，分子之间发生一定程度的聚结，形成一种新的相对稳定体系——前凝胶（溶胶状分散液），即熟豆浆。

(3) 在热溶胶中增加盐离子浓度，可产生盐凝作用，同时也产生盐析效应，从而形成凝胶，即豆腐。

图 3-3　豆腐形成模式

第四章 食品的感官属性

学习目标

1. 掌握烹调调色、调香、调味和调质的工艺原理。
2. 熟悉食品色、香、味的生理基础和影响因素。
3. 了解食品主要感官性能的物理学和化学基础。

导入案例

彼得的"鱼香肉丝"

彼得是个烹调爱好者。经过2个月的旅游和品尝中国美食,回国后,彼得开始自己做"鱼香肉丝"。他仔细阅读了烹调菜谱,把前几天剩下的蒜末、葱花、姜粒拿出,从冰箱中取出肉块,很快地切好肉丝,——准备妥当,彼得发现没有四川的泡红辣椒,于是只好用当地的辣椒酱——一种生辣椒加水捣碎的产品。经过一番努力,彼得终于烹调出自己的"鱼香肉丝"。一品尝,"天呀!",彼得发现自己的"鱼香肉丝"完全与四川的不一样!

原来,彼得不知道蒜末、葱花、姜粒是要临用现制,否则,便没有其独有的风味。起码在开始加热烹调的时候,彼得确实没有闻到在四川餐馆内的那种鱼香肉丝香味;还有四川泡红辣椒是独特的发酵产品,其品质不是一般辣椒酱可替代的;另外,彼得的肉丝没有腌制码味,其嫩度和风味必然达不到理想效果;更重要的是,彼得没有使用发酵制品——酱油、醋,他直接使用柠檬酸来替代醋、食盐代替酱油。当然,彼得的"鱼香肉丝"中肉丝粗细不均、长短不一,整个菜没有红亮的光泽。

从上面案例可以看到,彼得的"鱼香肉丝"在色、香、味、形、质等多方面都没有达到"地道"的鱼香肉丝的标准。因为,鱼香肉丝的色、香、味等感官属性是客观物质,即"鱼香肉丝"的各种调料、成分及烹调操作后的结果。缺乏正确的客观物质是彼得失败的直接原因。当然,彼得自己也承认,他无法完全理解中国烹调书中对"鱼香肉丝"美食感受的模糊性描述。可见,学习有关食品感官属性方面的科学知识对掌握烹调中的"美食"技术很有必要。

 课前思考题

去问问厨师,在烹调菜肴时,调香、调色、调味和调质,哪些困难,哪些较容易。

第一节　概　述

人体的感觉分成外部感觉和内部感觉两大类。外部感觉,有视觉、听觉、嗅觉、味觉和肤觉五种。这类感觉的感受器位于身体表面,或接近身体表面的地方。食品的感官属性即与它们有关。

一、食品感官属性的概念

食品感官属性是人的视觉、嗅觉、味觉、触觉、痛觉、温度觉和听觉等感觉器官对食品的外观形态、颜色、亮度、气味、滋味、硬度、稠度、冷暖等属性的认识。不同地区、民族的饮食习惯不同,在很大程度上是指食品的感官属性,特别是风味的不同。

食品感官属性对食品的可食用性具有决定作用。它直接影响了人们的饮食习惯、摄食活动和食欲。因为,吞咽食物要经口腔咀嚼而形成食团,然后由食道运送入胃,这个过程是一系列复杂的反射动作,必须有特定的刺激才能引起,而食品的感官属性所具有的特定刺激将直接决定和影响吞咽的这些反射动作,从而决定食物的可吞咽性。另外,食品的感官属性将影响摄食者的食欲,从而影响摄食者的行为。烹调加工实质上是通过控制、调节食品感官属性来达到"美食"的目的。烹调中几乎所有的操作都是为了改善食材的感官属性。不过,应该强调的是:人对食物的需求,即饥饿感是由人体自身的生理状况决定的,是产生"美食感"的源泉。长期以来,中国烹饪存在的"唯美食主义"将"美食感"过分推崇为人的心理因素,这对中国烹饪技术的创新和现代化是不利的。

个体对食品感官属性往往要表现出嗜好性,即喜欢和不喜欢的取向明确,特别是对烹调菜肴的风味,人们的嗜好和偏爱表现得很明显。不过人们对食品感官某些属性的偏好不是一成不变的,也不是天生的,而是后天逐渐形成的。

经研究,人类是对食品感官刺激的各种相互影响的综合结果做出反应,而非仅

Peng Ren Hua Xue

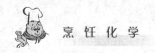

仅凭单一属性。当然,这种综合结果中不同感官属性所占的比重不同(见表4-1)。

表4-1 食品各感官属性占总体感受的权重　　　　　单位:%

感 官 属 性	男　性	女　性
口感(风味)	28.8	26.5
质　构	27.2	38.2
外　形	21.4	16.6
色　泽	17.5	13.1
嗅感(香味)	2.1	1.8
其他属性	3.0	3.8

二、食品感官属性的分类

1. 外观

食品的外观就是食品的视觉感官属性,指人体通过视觉器官(眼睛)对食品外观的具体感受,包括食品及其组成物料的几何尺寸大小、形状、形态、状态、表面及内部组织结构、颜色和亮度等属性。食品的状态有液态食品、半固态食品和固态食品;食品的形态有很多,如植物样、肉样、新鲜状、陈旧状、腐败状;食品的表面有粗细程度、湿润程度、平缓程度等之分;食品的组织结构,固态和半固态食品有粉状、粒状、膏状、块状、凝胶状、多孔状和泡沫状等情形;液态食品的外观品质还包括透明度、浓稠性、混浊度等视觉可辨别属性。

食品的形态、状态、表面及内部组织结构既是食品外观品质,也是质构品质。它们是由食品中各物料和组分的多少、大小、形状、状态以及食品所含有的水、蛋白质、脂和糖类等主体成分决定的。而颜色由特有成分——色素决定,亮度由食品表面对外源光的反射、吸收决定。

食品的视觉感官属性是远距感官,人体并不直接接触食品就可以感受到,因此它在感官属性方面起到了先入为主的作用。烹调美食的标准有很大程度就是视觉感官的标准。例如,菜肴原料的刀工造型、菜肴物料的组配、食品上色亮光、盘饰和食雕、筵席搭配的一个重要目的就是满足和提高食品的视觉感官质量。

2. 风味

食品的滋味和气味就是常说的风味。它们都是属于所谓的化学感觉,因为通过它们人们能够分辨不同的物质。滋味产生于舌头的特定味觉感受器,而气味的嗅觉感受器存在于鼻腔中的嗅上皮。相对而言,人类的嗅觉功能不如其他动物,也不及自身的味觉功能。因为嗅觉在动物间是传递信号和信息的方式,而人不再需要这样的传递方式。

三叉神经分布于面部皮肤、眼、口腔、牙齿、咀嚼肌、鼻腔、鼻旁窦黏膜等,具有传导痛、温、触等多种感觉。同时它也能够作为化学感觉,感受到不同的化学成分。例如,氨水、生姜、辣椒、洋葱、芥末等,它们不仅对鼻、舌有强刺激,对喉管、角膜、嘴皮等无味觉和嗅觉功能的身体部位也会产生刺激作用,这就是三叉神经感觉的结果。

3. 质构

食品的质构是指人体的手、口腔,以及身体其他部分的触觉感官直接接触食品产生的感受,广义上包括质感、痛感和冷热感。通过手感受到的就是"手感",通过口腔的就是"口感"。这两种感觉属性对食品加工者,尤其是手工操作为主的烹调厨师很重要。由于这方面的许多内容超出了本书的要求,所以只在本章第五节"食品的质构"中作一定介绍。

三、食品感官属性的特性

1. 专门性

一种感官只能接受和识别一种刺激,产生一种感觉。例如眼睛只能具有"看"而不是"听"的功能。

2. 灵敏性和适宜性

只有刺激量的强度在一定范围内才会对感官产生作用。例如,很淡和很浓的盐水都不能给人带来适宜的"咸味"。在适宜范围内,感受性与刺激强度有一个关键点——感觉阈值。它表示了感觉的感受性大小及变化。阈值愈大,感觉灵敏性愈小,同样刺激的感受性就愈弱。不同感觉的感觉阈值可见表4-2。有关感觉阈值,有以下几个概念。

表4-2 常见感觉的觉察阈

感 觉 种 类	觉 察 阈
视 觉	清晰无雾夜晚48 km外的烛光
听 觉	安静条件下6 m处手表的嘀嗒声
味 觉	一茶匙食糖溶于8 kg水中
嗅 觉	一滴香水扩散到三室一厅的房间中
触 觉	一只蜜蜂的翅膀从1 cm高落到人的背上

察觉阈,指刚刚能引起感觉的最小刺激量。

识别阈,指感知到可以识别出刺激性质的最小刺激量。

辨别阈(差别阈、最小可觉差),指感官所能感受到刺激强度变化的最小变化量,或者是最小可觉察差别水平(JND)。差别阈不是一个恒定值,它会随一些因素

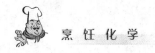

的变化而变化。

极限阈,指感受强度不随刺激量增加而增加时的最小刺激量,如果超过它就不能再感受到刺激强度的差异。

例如,品尝糖水溶液,当浓度在0.05%～0.4%的时候,人们只能觉得它与纯水不一样,但不能识别是否是甜味(无法肯定是否为糖水,但可否定为纯水),这时的浓度即为察觉阈;如果浓度稍微增加,大约为0.5%的时候,50%的人刚好可以识别出是甜味,这时的浓度就是识别阈;如果浓度的增加量刚好能够使人们察觉到甜味增大,例如,在5%的蔗糖溶液中,如果再增加10%的蔗糖(即再添加0.5克蔗糖),有50%的人认为甜度增大,那么这个浓度的增加量即是辨别阈;如果糖浓度增加到一定程度,人们再不能感觉到甜味的增加,这时的浓度值就是极限阈。例如,蔗糖溶液浓度超过45%以后,再增加浓度对甜味的增加也无多大作用了。

3. 交叉性和重叠性

不同感官在接收信息时,会相互影响,产生交叉效果。例如,天气很热时如果正巧在冷色调的环境中会感到一些凉爽感。同样,同一感官,在同时或连续接受不同强度或不同性质的刺激时也会产生复杂的相互影响,产生重叠效果。例如,同时吃辣味和酸味,除了感到辣味、酸味自身的变化外,还有所谓"酸辣"的复合感觉。

4. 时间效应

感觉形成的快慢对感受性也有很大影响。同样强度的刺激,如果时间长,其强度变化率小,引起的感受性就小。例如,将哑铃缓慢放到身体上和它直接坠落在身体上产生的痛感完全不同。据研究,人的味觉从呈味物质刺激到感受到滋味仅需1.5～4.0 ms,比视觉13～45 ms、听觉1.27～21.5 ms、触觉2.4～8.9 ms都快。味觉中,甜味感形成得较慢。

某种刺激连续施加到感官上一段时间后,感官会产生疲劳现象和适应现象,感觉灵敏度下降,感受性变小。疲劳和适应不同:疲劳是一种感官的整个灵敏度下降,而适应是某种刺激持续地作用于人的特定感官时,人对这种刺激的感觉能力下降,但对别的刺激无影响。例如,长时间在喧闹的场所,人们对各种声音的听力灵敏性都会下降,这就是疲劳现象;而人在长时间品尝甜食后,甜味感会下降,但其他味感并未下降,这就是感觉适应现象。感觉适应现象在视觉和嗅觉中最为明显。

当刺激对感官的作用停止以后,人体对刺激的感觉并没有立即停止,而是继续维持一段很短的时间,这种现象叫感觉后象。味觉,特别是苦味、辣味的后象最为明显。

四、食品感官属性的影响因素

影响食品感官属性的因素有:刺激的性质和大小、感受器和感觉心理过程的影响因素。而影响感受器和感觉心理的因素包括生理、环境、心理、社会和文化因素等。

1. 生理因素

年龄、性别、遗传、生理状况、体质和饥饿程度等都对感觉器官的正常工作有决定性作用。色盲、嗅盲、味盲等就是生理或遗传方面的缺陷导致的。随着人年龄的增长,各种感觉阈值都在升高,敏感程度下降,对食物的嗜好也有很大的变化。有人调查对甜味食品的满意程度,发现孩子对糖的敏感度是成人的两倍,幼儿喜欢高甜味。人的生理周期对食物的嗜好也有很大的影响,平时觉得很好吃的食物,在特殊时期(如妇女的妊娠期)会有很大变化。许多疾病也会影响人的感觉敏感度,如果味觉、嗅觉突然发现异常,往往是重大疾病的先兆。

2. 环境因素

感觉器官接触食品时的介质性质和温度对感觉结果也有很大影响。食物可分为热吃食物、冷吃食物和常温食用食物,如果将最适食用温度弄反了,将会造成很不好的效果。理想的食物温度因食品的不同而异,以体温为中心,一般在±25～30℃的范围内(见表4-3)。热菜的温度最好在60～65℃,冷菜最好在10～15℃。

表4-3　食品在感官检验时的最佳呈送温度　　　　单位:℃

品　　　种	最　佳　温　度
啤酒	11～15
白葡萄酒	13～16
红葡萄酒、餐味葡萄酒	18～20
乳制品	15
冷冻橙汁	10～13
食用油	55
肉饼、热蔬菜	60～65
汤	68
面包、糖果、鲜水果、咸肉	室温

食品所含有的水分和油脂也极大地影响食品的感官性能,包括食品的色泽、质构和风味都会因为食品水分和油脂的含量、状态,特别是油脂与水的关系而不同。例如,含有油脂多的食品或油脂涂在外表的食品往往更具有香气浓烈、光泽度大和口感滑腻的品质。

3. 心理因素

记忆、注意力、情绪、动机和想象、性格、习惯性等都能极大地影响感觉。这

些心理因素能够影响人的感觉以及感觉的综合认识——知觉,从而导致不同的感受性。各种感觉间和同种感觉内的不同感受也会相互影响。感觉间的相互作用有:对比、相乘(协同)、相消(拮抗、阻碍、掩蔽)、转化(协调)等。食品整体风味中味觉与嗅觉相互影响就十分复杂,以致在烹饪中出现了分不清是嗅感还是味感的情况。例如,焦糖风味或鸡汤的风味,其准确含义就无法用单一感受来描述。

第二节　食品的颜色

一、食品颜色概述

食品几乎所有的理化变化都可能给食品带来颜色、光泽方面的变化。人们会根据红烧肉颜色的深浅来判断它的油腻程度,根据葡萄酒粉红色的程度来判断它的风味,根据咖啡颜色的深浅来判断苦味的差异大小。

（一）颜色形成

颜色分为彩色和非彩色:非彩色指白色、黑色及它们之间过渡的灰色系列,称为白黑系列;彩色是指白黑系列以外的各种颜色。人眼对光的色彩的辨别感觉就是色觉。光波的颜色(彩色)由光波的波长(或频率)决定:波长愈长,愈偏向红色;波长愈短,愈偏向紫色。人眼看起来是红色光的波长为 $760 \sim 630$ nm、紫色光在 400 nm 附近。从红光到蓝光,人眼大约可分辨出一百多种颜色。

物体颜色与物体本身的光谱反射特性、照明条件和自身视觉有关。当物体受到光源的照射时,光会产生三种情况:穿透、吸收和反射。物体由于本身的物理或化学特性,将会吸收某些波长的光而反射其他波长的光,其本身所显的颜色取决于吸收了哪些波长的光,而剩下的其他光按三色原理综合起来,便形成了该物体的颜色。如果物体对于不同波长的光波具有相同的反射特性,所有波长的光都被反射出来,没有哪种波长的光占主导地位,物体就显示为白色。

物体吸收什么波长的光、吸收程度的大小都是由其分子结构决定的。当分子结构中含有多个共轭双键或—N≡N—等基团,便可以在可见光中显色,这些基团叫发色团。化学反应能够改变物体的分子组成,由此能够使分子结构中的发色团产生变化,从而从根本上改变物体的颜色。

（二）三原色原理

三原色原理是指不同色彩的光都可以由蓝色、绿色和红色光线按适当比例混合起来构成。红色、绿色和蓝色就是组成各种色彩的基本成分,称色光三原色。而油漆、绘画等靠介质表面的被动反射光源的场合,物体所呈现的颜色是光源中被颜料吸收后所剩余的反射光的颜色部分——补色,所以其成色的原理叫做减色法原理。在减色法原理中的三原色颜料分别是青、品红和黄。

三原色的构成和叠加可以概括为图 4-1 颜色环,有以下规律:

图 4-1　颜色环和三原色原理

(1) 色彩可由三原色构成,三原色按不同的比例混合可以合成出任何颜色,三种原色的混合比例决定色别(色调);

(2) 蓝、绿、红这三种原色是互相独立的,它们中的任何一种都不能用另外两种颜色混合得到;

(3) 图中边缘的各点就是光的色谱(从红色到紫色为逆时针),对角线上的颜色互为补色关系。

(三)食品颜色和食品色素

食品颜色与照射光颜色、强度及食品色素的种类、含量和状态都有关。食品各成分中对食品色彩有决定作用的成分称为色素。从化学方面来看,导致食品变色的原因有:色素性质的改变(变色反应)、新增色素(褐变反应)或原有色素含量减少(褪色或漂白)。从物理方面看,食品的状态、透明程度、照射光的性能也能够导致食品颜色变化,例如,彩色的果汁冻结后颜色变浅、热烫后的绿色蔬菜更绿。

食品的色素按来源可分为:天然色素和人工色素。常见天然色素的分类和特点见表 4-4。

表 4-4　食品中常见天然色素的分类和特点

类别和结构特征	色素名称	亚类(具体色素)	溶解性	存在方式	种类数量	颜　色	主要来源
四吡咯类(卟啉类)	叶绿素	叶绿素 a 叶绿素 b	脂溶	叶绿体	25	绿色、褐色	绿色蔬菜
	血红素	血红素铁 血红素铜	水溶	血红蛋白、肌红蛋白	6	红色、褐色	禽畜肉
四吡咯衍生物	藻色素	藻红素等	水溶	色素蛋白	15	红色到绿色	海藻
	胆色素	胆绿素等	水溶	游离	6	红、绿、黄色	禽畜肉
异戊二烯衍生物	类胡萝卜素(多烯色素)	叶红素类(番茄红素、胡萝卜素等)	脂溶	脂肪或蛋白质复合物	450	黄色到红色	蔬菜、水果等植物原料
		叶黄素类(辣椒红素、虾青素、卵黄素等)					植物、部分动物

（续表）

类别和结构特征	色素名称	亚类（具体色素）	溶解性	存在方式	种类数量	颜色	主要来源
多酚类衍生物	花青素	天竺葵色素等	水溶	糖苷形式	150	红、紫、蓝色	花、水果等
	花黄素（黄酮类）	芹菜素、橙皮素等			800	黄色	植物
	儿茶素（黄烷醇）	儿茶素、没食子酸等			30	反应型	茶叶
	鞣质	儿茶酚、黄木素等	水溶或不溶	单体或聚合物	200	反应型	植物
醌类衍生物	甜菜红	甜菜红素、天然苋菜红素等	水溶	糖苷形式	70	黄色到红色	红甜菜等许多植物
	虫胶色素		水溶		1	橙黄到紫色	紫胶虫
	胭脂虫红		水溶		1	红色	胭脂虫
	黑色素		水不溶	聚合物、蛋白质复合物	16	黑色	动物
酮类衍生物	红曲色素	红斑素等	脂溶		15	红色	微生物（红曲）
	姜黄素		水溶脂溶		1	黄色	姜黄、芥末
异咯嗪	核黄素		水溶	酶蛋白辅基	1	黄绿色	动物

二、食品中的天然色素及其变化

（一）叶绿素和绿色蔬菜在烹调中变色

叶绿素是存在于植物细胞叶绿体内的一种能进行光合作用的绿色色素,它使蔬菜和未成熟的果实呈现绿色。

1. 叶绿素的组成和结构

叶绿素是一种镁卟啉衍生物。叶绿素有两种：叶绿素 a 和叶绿素 b。叶绿素 b 的结构见图 4-2。结构式中—CHO 换成—CH$_3$ 即为叶绿素 a。它的化学名称为镁卟啉二羧酸叶绿醇甲醇二酯。镁卟啉二羧酸也叫叶绿酸,叶绿醇是二十碳醇。

2. 叶绿素的性质

1）叶绿素的物理性质

叶绿素的绿色来源于其组成中的镁卟啉结构,所以只要这部分结构发生变化就会引起变色。由于叶绿素中的叶绿醇是脂溶性的,所以叶绿素是脂溶性色素,但

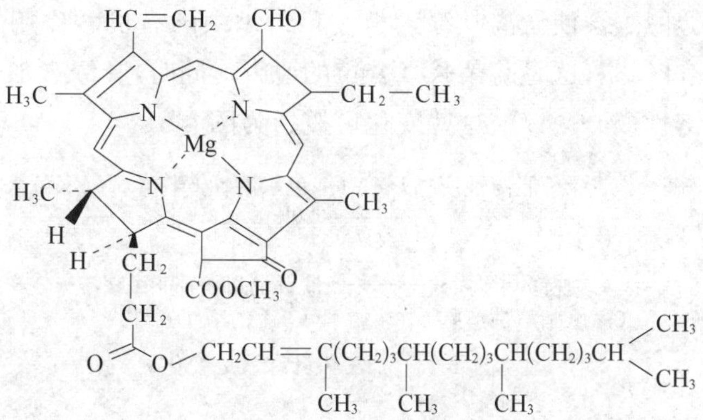

图 4-2　叶绿素的分子结构

叶绿酸是水溶性的。

2）化学性质

（1）取代反应。

叶绿素镁卟啉结构中的镁可被 H^+ 和其他金属离子取代，从而产生变色。在稀酸环境中，叶绿素镁被两个氢原子所取代，生成褐色的脱镁叶绿素，从而使原有的绿色消失。所以，在酸性溶液中加热，蔬菜容易变为褐色。

叶绿素中的镁可被铜离子取代，形成绿色鲜亮且稳定的铜叶绿素。该色素可以用做人工着色。

（2）水解反应。

在酸、碱或叶绿素酶的作用下，叶绿素的二酯结构可水解，生成叶绿醇、甲醇及水溶性的叶绿酸或仍然是脂溶性的脱叶醇基叶绿素（甲基叶绿素）。水解对绿色没有影响，但能改变叶绿素溶解性能。

（3）其他变化。

当组织衰败时，叶绿体蛋白与其辅基叶绿素分离，在光辐射或酶的作用下，叶绿素分子中的卟啉环上可发生氧化、还原、加成或裂解等反应，从而引起颜色的巨大变化，生成无色产物或紫色物质。

3．绿色蔬菜组织变色及护色

1）绿色蔬菜贮藏中的变色

绿叶蔬菜在贮藏过程中容易发生"黄化"作用变色。这是因为叶绿素受酶、酸、氧的作用，逐渐降解为无色产物和黄色的脱镁产物，而蔬菜中原有的呈黄色的类胡萝卜素则露出来的缘故。

2）绿色蔬菜烹调加热中的变色

蔬菜在烹调加热中会引起叶绿素不同程度的变化。短时间的快速加工，主要是发生蛋白质变性、组织破坏而释出叶绿素，叶绿素本身没有变化，所以蔬菜的绿色更加明显。这个现象是烹调中加工蔬菜时判断制熟程度的主要标志。

长时间的加热,会使游离叶绿素与蔬菜组织中的有机酸作用,发生脱镁反应,生成褐色脱镁叶绿素,这是蔬菜久煮变黄的原因。同时,叶绿素加热还会发生水解反应,产生水溶性成分。以上这些变化可概括为图4-3。

（绿色脂溶性产物）　　（绿色水溶性产物）　　（绿色水溶性产物）

叶绿体蛋白 ——→ 叶绿素 ——→ 脱叶醇基叶绿素 ——→ 叶绿酸

脱镁叶绿素 ——→ 脱镁脱叶醇基叶绿素 ——→ 脱镁叶绿酸
（褐色脂溶性产物）　　　（褐色水溶性产物）　　　（褐色水溶性产物）

图4-3　加工中叶绿素的变化

3）绿色蔬菜烹调中的护色

从上面分析可以看出,绿色蔬菜加热变色的主要影响因素应该是pH和加热时间。pH值越低,变色越容易,一般在pH 4以下时,很快变色,所以加醋烹调的蔬菜很快变成黄绿色。pH 8.6以上时,蔬菜呈青绿色,所以,炒菜时稍加点碱对保持菜色有利。因为稀碱能中和有机酸,能防止叶绿素脱镁,保持叶绿素原有的鲜绿色,这就是经常谈到的稀碱定绿的原理。

开锅盖或加锅盖炒菜,其变色速度不一,前者慢,后者快。这种现象亦和pH有关,因为开盖煮,使菜中部分有机酸挥发,菜汤的pH值较大,所以变色速度慢。煮菜时间对变色程度的影响表现为:时间长则变色程度大,短则小。

对于蔬菜在热加工时如何保持绿色的问题曾有过大量的研究,不过,目前没有一种方法较实用。传统烹调工艺中常使用热水烫漂（即焯水）来保护绿色,其原理是:大量高温的热水,能使叶绿素酶迅速失活,排除蔬菜组织内的氧气,对组织中的有机酸具有稀释作用和挥发作用,从而减少了叶绿素生成脱镁叶绿素的机会。这种方法成功的保证是:一要水多,二要快速,三要高温。另外,目前较好的蔬菜护绿方法还需多种技术联合使用,例如在采用高温短时间处理的同时,并辅以碱式盐、脱植醇的处理方法,低温贮藏产品和添加铜叶绿酸钠等。

（二）血红素和肉类变色

血红素是高等动物血液和肌肉中的红色色素,以复合蛋白质的形式存在,分别称肌红蛋白（Mb）和血红蛋白（Hb）。在活的机体中,它是O_2和CO_2的载体。

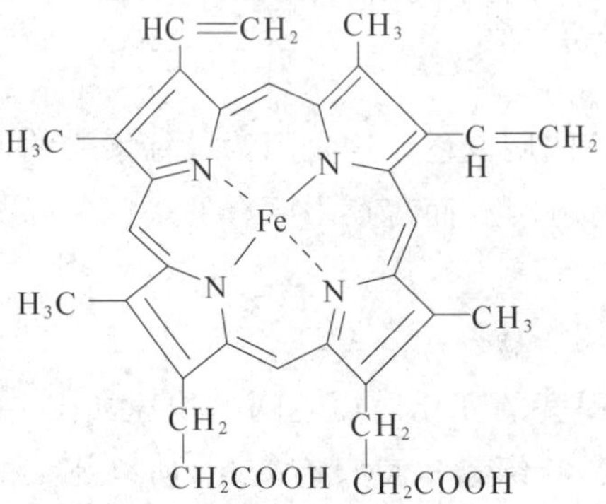

1. 血红素的结构和存在方式

血红素是一个铁原子和卟啉构成的铁卟啉化合物。其结构见图4-4。

在动物体中,血红素都是以肌红蛋白和血红蛋白方式存在,很少有自由的血红素。肌红蛋白是由1分子血红素和1分子一条肽链组成的珠蛋白所构成的,而血红

图4-4　血红素结构

蛋白是由4分子的血红素和1分子四条肽链组成的珠蛋白相结合而成。各种肉的颜色不同，原因就是其所含的肌红蛋白、血红蛋白的含量及它们的状态、分布不同。特别是正常屠宰的动物肉，其颜色就是肌红蛋白的含量、状态和分布决定的，所以，肉色素常指肉中肌红蛋白(有时包括血红蛋白)的各种存在方式和状态。

2. 血红素及肌红蛋白的理化性质

1) 物理性质

血红素及肌红蛋白都是水溶性的红色成分，存在于肌肉的肌浆中。

2) 化学性质

(1) 结合反应。正常情况下，肌红蛋白中的血红素铁处于二价，它能够通过配位键与 O_2，CO，NO 等结合，分别形成氧合肌红蛋白(MbO_2)、羰合肌红蛋白(一氧化碳肌红蛋白 MbCO)、亚硝基肌红蛋白(MbNO)，它们都是红色物质。氧合肌红蛋白(MbO_2)也可以脱氧变回肌红蛋白状态。

(2) 氧化还原反应。血红素铁在低压氧时，能够被氧化为三价，形成褐色的高铁血红素肌红蛋白或称为变肌红蛋白(MMb)，在有还原物质存在时，变肌红蛋白还可能被还原为二价状态。

(3) 铁卟啉环的破坏和脱铁反应。血红素铁卟啉环发生氧化、还原、加成等反应，会破坏卟啉环的稳定，出现脱铁、脱珠蛋白、卟啉开环等严重后果，产生肉色的很大变化。

3. 肉类在贮存、加工中的色泽变化

1) 新鲜肉的色泽变化

新鲜肉的颜色由氧合肌红蛋白、肌红蛋白、变肌红蛋白三种色素的动态平衡所决定。新鲜肉中的肌红蛋白保持为还原状态，肌肉的颜色呈稍暗的红色(Mb)。鲜肉存放在空气中，肉表面的肌红蛋白处于高氧分压，容易与氧结合形成鲜红的氧合肌红蛋白(MbO_2)。MbO_2是比较稳定的，因为肌红蛋白中的珠蛋白部分具有防止血红素氧化的作用。因此，MbO_2的鲜红色可以保持相当时间，但肉的内部，特别是次表层，因为存在低氧分压条件，亚铁(Fe^{2+})血红素可被氧化成高铁(Fe^{3+})血红素，形成棕褐色的变肌红蛋白(MMb)，这时若鲜肉中的还原性物质还存在，就能不断使变肌红蛋白又还原为肌红蛋白。只要有氧存在，这种循环过程即可以连续进行。可以用以下简式表示：

$$
\begin{array}{ccccc}
& 蛋白质 & & 蛋白质 & & 蛋白质 \\
N \quad\quad N & & N \quad\quad N & & N \quad\quad N \\
Fe^{2+} & \rightleftharpoons & Fe^{2+} & \rightleftharpoons & Fe^{3+} \\
N \quad\quad N & & N \quad\quad N & & N \quad\quad N \\
O_2 & & H_2O & & OH \\
鲜红色 & & 暗红色 & & 褐色
\end{array}
$$

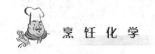

如果新鲜肉放置在空气中过久,由于表面的干结防止了氧的渗透,加上还原物耗尽和细菌的繁殖生长,降低氧压,最终致使肉内外都变成棕褐色。可见,肉的颜色与其存放时间紧密相关,可作为判断肉新鲜程度的重要指标。

鲜肉用膜包装时,低氧分压会加快血红素的氧化速度,如果薄膜对氧穿透小而且肉组织耗氧超过透入的氧,则可造成低氧分压,促使氧合肌红蛋白变成褐色变肌红蛋白。如果薄膜包装材料完全不透气,肉类的血红素将全部还原成紫红色肌红蛋白,当打开包装膜使肉品暴露于空气中时,即形成鲜红色的氧合肌红蛋白。

2)肉类在加热过程中色泽的变化

未经腌制的肉加热时,肌红蛋白及肌浆其他蛋白变性、凝固,肌红蛋白从而失去水溶性,导致颜色变浅。并且,血红素失去蛋白质的保护,很快被氧化成珠蛋白变性高铁肌红蛋白,从而呈灰褐色。这是烹调加热肉类最常见的变色现象。

3)腌制肉的色泽

肉类腌制过程中加入亚硝酸盐或硝酸盐起发色作用,因为亚硝酸盐或硝酸盐可产生 NO,肌红蛋白与 NO 反应生成亚硝基肌红蛋白(MbNO)。MbNO 较 Mb 和 MbO_2 更稳定,加热时,珠蛋白部分发生变性,生成鲜红色的变性珠蛋白一氧化氮肌红蛋白,或称亚硝基肌色原,保证了腌制肉的鲜红色,这一原理也称为肉色固定原理。腌制肉加热时,颜色不再发生变化的原因就在于此。

抗坏血酸存在时,可以防止 MbNO 进一步与氧的氧化作用,使其形成的色泽更稳定。但 MbNO 对可见光线的照射不稳定,因此经腌制后的肉类制品的切口暴露于光线下,MbNO 发生分解,由鲜红色变成褐色高铁血色原。

4)腐败肉的颜色

当肉经过久存后,肉中过氧化氢酶的活性消失,过氧化氢的积累使血红素氧化而变绿,这是肉类偶尔会发生变绿现象的原因。另外,细菌活动产生的硫化氢与肌红蛋白作用产生硫代胆绿蛋白,也会使肉产生绿色。腐败变质的肉中还存在血红素的分解产物,如各种胆色素,从而出现非常不好的黄色或绿色。新鲜肉、熟肉、腌肉和腐败肉中的主要色素见表 4-5。

表 4-5　新鲜肉、熟肉、腌肉和腐败肉中的主要色素

色　素	生 成 方 式	铁的价态	卟啉环的状态	球蛋白状态	颜色	存　在
肌红蛋白	高铁肌红蛋白的还原、氧合肌红蛋白脱氧	Fe^{2+}	完整的	天然的	暗红	鲜肉
氧合肌红蛋白	肌红蛋白的氧合	Fe^{2+}	完整的	天然的	亮红	鲜肉表面

色　素	生　成　方　式	铁的价态	卟啉环的状态	球蛋白状态	颜色	存　在
变肌红蛋白	肌红蛋白与氧合肌红蛋白的氧化	Fe^{3+}	完整的	天然的	棕色	熟肉、陈肉
亚硝基肌红蛋白	肌红蛋白与一氧化氮结合	Fe^{2+}	完整的	天然的	亮红	腌肉
珠蛋白变性高铁肌红蛋白	变肌红蛋白受热	Fe^{3+}	完整的	变性的	棕色	熟肉
亚硝基肌色原	亚硝酰基肌红蛋白受热	Fe^{2+}	完整的	变性的	亮红	腌肉
硫代肌绿蛋白	肌红蛋白与 H_2S，O_2作用	Fe^{3+}	完整的，但一个双键被饱和	天然的	绿色	腐败肉
胆绿蛋白	过氧化氢氧化作用，抗坏血酸盐或其他还原剂作用	Fe^{2+}或Fe^{3+}	完整的，但一个双键被饱和	天然的	绿色	腐败肉
胆色素	各种氧化、还原作用	无铁	卟啉环破坏	不存在	黄、绿、红	腐败肉

（三）食品中的其他天然色素及其变化

1. 异戊二烯衍生物色素——类胡萝卜素

类胡萝卜素是由异戊二烯为单元组成的一类从浅黄到深红色的色素。它在蔬菜中含量丰富，也在蛋黄、部分羽毛、甲壳类、金鱼和鲑鱼中存在。其中最早发现的是存在于胡萝卜肉质根中的红橙色色素即胡萝卜素。因此，这类色素又总称为类胡萝卜素（见表4-6）。

表4-6　食品中的一些类胡萝卜素

颜色	名称	结　构　式	存　在
橙	β-胡萝卜素		胡萝卜、柑橘、南瓜、蛋黄、绿色植物
黄	叶黄素		柑橘、南瓜、蛋黄、绿色植物
色	玉米黄素		玉米、肝脏、蛋黄、柑橘

(续表)

颜色	名称	结 构 式	存 在
红色色素	番茄红素	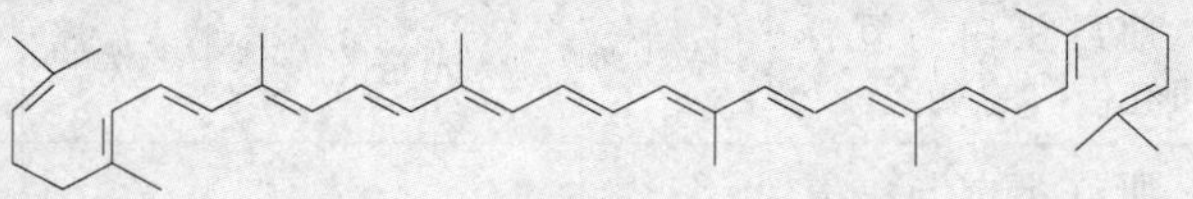	番茄、西瓜
	虾黄素	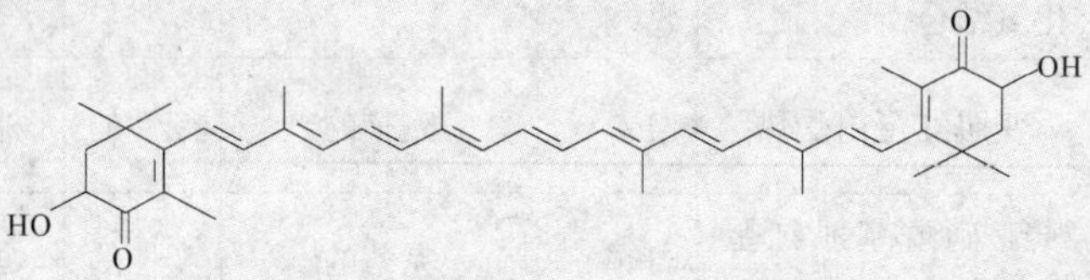	虾、蟹、鲑鱼
	辣椒红素	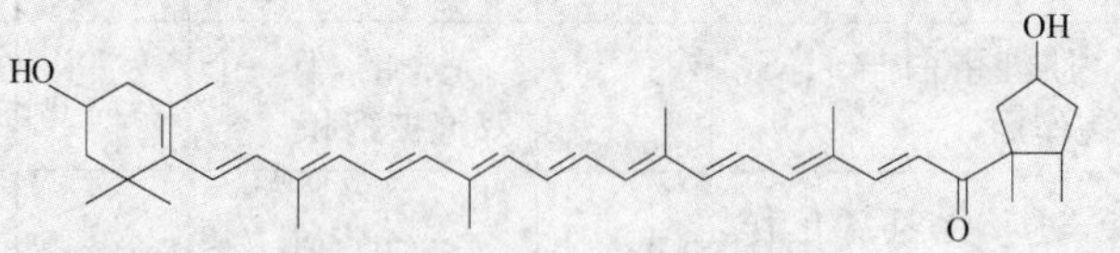	辣椒
	辣椒玉红素	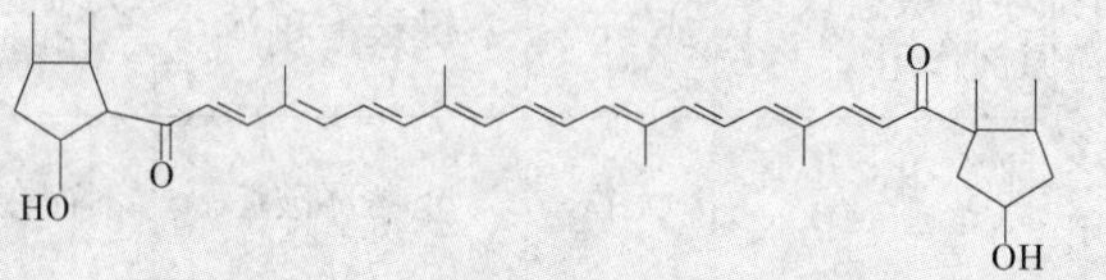	

类胡萝卜素在结构上的特点就是其中有大量共轭双键,形成发色基,产生颜色。类胡萝卜素是脂溶性色素,热稳定性较好,加工或贮藏中,pH、温度、加热时间对类胡萝卜素影响小,但抗氧化、抗光照性能较差,易被酶分解褪色。例如,虾黄素与蛋白质配位时显蓝色,在加热烹调过程中,由于与虾黄素结合的蛋白质变性凝固,从而使虾黄素游离出来,游离型虾黄素不稳定,能氧化生成红色的虾红素,从而使虾的表皮呈现红色。

2. 多酚类色素

多酚色素是植物中水溶性色素的主要成分,自然界中最常见的为花青素、花黄素和鞣质(又称单宁)三大类,其中花黄素和鞣质还与呈味有关。花青素、花黄素及鞣质中的一些成分的基本结构为苯并吡喃。

花青素的稳定性差,容易受 pH、SO_2、金属离子和氧等因素的影响,发生变色现象。例如,矢车菊色素在 pH 等于 3 时为红色,pH 等于 8.5 时为紫色,pH 等于 11 时为蓝色。

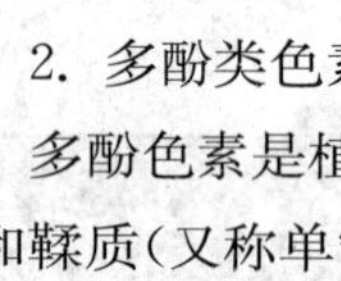

图 4-5 花黄素类的母体结构

花黄素又叫黄酮类色素,广泛分布于植物界,是一大类水溶性天然色素,呈浅黄色或橙黄色。花黄素类的母体结构是 2-苯基苯并吡喃酮(见图 4-5),与花青素的母体结构相似。

花黄素类在加工条件下会因 pH 值和金属离子的存在而

产生难看的颜色,影响食品的外观质量。烹调中常用铁锅和含铁自来水时,菜肴有时会呈现蓝色和褐色就是这个道理。黄酮类的颜色自浅黄以至无色,鲜见明显黄色,但在遇碱时却会变成明显的黄色,其机制是黄酮类物质在碱性条件下其苯并吡喃酮的 1,2 碳位间的 C—O 键断开成查耳酮型结构所致,各种查耳酮的颜色自浅黄以至深黄不等,在酸性条件下,查耳酮又恢复为闭环结构,于是颜色消失。做点心时,面粉中加碱过量,蒸出的面点外皮呈黄色,这就是黄酮类色素在碱性溶液中呈黄色的缘故(见图 4-6)。马铃薯、稻米、芦笋、荸荠等在碱性水中烹煮变黄,也是黄酮物质在碱作用下形成查耳酮结构的缘故。

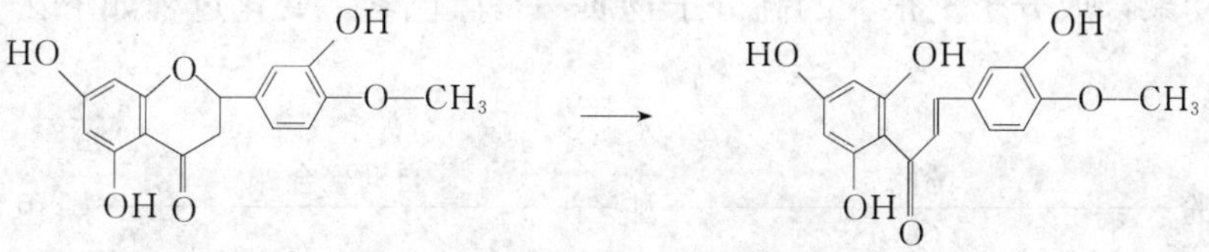

橙皮素(白色)　　　　　　橙皮素查耳酮(金黄色)

图 4-6　黄酮碱性溶液中的变化

植物中含有一种具有鞣革性能的物质,称为植物鞣质,简称鞣质或单宁。其化学结构属于高分子多元酚衍生物。鞣质颜色较浅,一般为淡黄、褐色,易被氧化发生褐变反应,而酶、金属离子、碱性及加热都能促进它褐变。另外,鞣质有涩味,是植物可食部分涩味的主要来源,如存在于石榴、咖啡、茶叶、柿子等食品中。

三、食品褐变作用

(一)食品褐变概述

褐变是食品加工和烹调过程中普遍存在的颜色变深的一种变色现象。有些褐变对食品有益,例如面包、糕点、咖啡等食品在烘烤过程中生成焦黄色和由此引起香气是有益的,而有些褐变则是有害的,例如蔬菜和水果的褐变,不仅使食品原料丧失其固有色泽,影响外观,降低营养价值,而且是食物腐败变质的标志之一。

根据食品褐变反应的机制不同,可将褐变作用分为如下两大类:

$$
\text{褐变作用}\begin{cases} \text{酶促褐变(生化褐变)} \\ \text{非酶褐变(非生化褐变)}\begin{cases} \text{羰氨反应(美拉德反应)褐变} \\ \text{焦糖化褐变作用} \\ \text{抗坏血酸褐变作用} \end{cases} \end{cases}
$$

(二)酶促褐变

酶促褐变是指发生在新鲜水果、浅色蔬菜等植物性食物中的一种由酶所催化的变色现象。在大多数情况下,酶促褐变是一种不希望出现的变化,例如香蕉、苹果、梨、茄子、马铃薯等都是很容易在削皮切开后褐变的食物,应尽可能避免其产生

褐变,但茶叶、可可豆、蜜饯等食品,适当的褐变则是形成良好风味与色泽所必需的条件。

1. 酶促褐变的机理

酶促褐变的产生是植物细胞内酚被酚氧化酶催化氧化聚合的结果。正常完整的果蔬组织中氧化还原反应是偶联的,酚虽然也被氧化,但其产物醌又可被还原成酚,不会累积起来。当发生机械性的损伤(如削皮、切开、压伤、虫咬、磨浆)或处于异常的环境变化下(如受冻、受热等)时,细胞中还原物减少,酚氧化酶以游离态形式出现,加上组织破损后,与氧气接触面大大提高,氧气直接可将酚氧化成醌,大量醌便自动聚合成分子量很大的高分子物质——黑色素。变化过程如下:

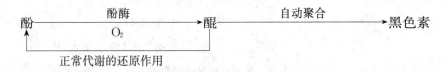

例如马铃薯切开后,其自身的一种酚类化合物——酪氨酸,在其酚氧化酶催化下,被空气中氧气迅速氧化,其过程如下:

CH₂—CHCOOH（图）酪氨酸 →酶[O]→ 3,4-二羟苯丙氨酸(多巴) →酶[O]→

醌型 →[O]→ 多巴色素(红色) →聚合→ 黑色素(黑褐色)

水果中儿茶酚同样容易氧化形成黑色素。绿原酸是桃、苹果等酶促褐变的底物,而香蕉褐变的底物是3,4-二羟基苯乙胺。氨基酸及类似的含氮化合物与邻二酚作用可产生颜色很深的复合物,如白洋葱、大蒜、大葱在加工中出现的粉红色就属于此变化。另外一些结构较复杂的酚类衍生物如花青素、黄酮类、儿茶酚素都能作为酚酶的底物。红茶加工中鲜叶中的儿茶酚素经酶促氧化、缩合等作用,生成茶黄素和茶红素,是构成红茶色泽的主要成分。

2. 酶促褐变的防止

食品发生酶促褐变,必须具备三个条件:多酚类物质(酚类底物)、酚氧化酶、氧气,以及导致以上三个条件同时存在的植物组织结构破坏等异常状态。有些瓜果如柠檬、橘子、香瓜、西瓜等,由于不含有酚氧化酶,所以不发生褐变。土豆如果能保持其组织的完整,也不会褐变。

控制酶促褐变的方法有以下五种。

1) 热处理

在适当的温度和时间条件下加热新鲜果蔬,使酚氧化酶及其他所有的酶都失活,是最广泛使用的控制酶促褐变的方法。在 70～95℃加热约 7 s 可使大部分多酚氧化酶失去活性。

加热处理的关键是要在最短时间内达到钝化酶的要求,否则易因加热过度而影响质量。相反,如果热处理不彻底,热烫破坏了细胞结构,未钝化酶,反而会强化酶和底物的接触而促进褐变。白洋葱、韭葱如果热烫不足,变粉红色的程度比未热烫的还要厉害。炒藕片时,速度慢、时间长会导致明显的变色。

加热处理也有缺点:水果和蔬菜经过加热后,会影响它们原来的风味,所以必须严格控制加热时间,以达到既能抑制酶的活性,又不影响产品原有的风味。

特别应该注意,烹调中初加工的生原料不能通过冷冻来防褐变。因为,酶在低温下仍然有活力,而且冷冻会导致原料组织结构更大的破坏,反而容易发生褐变。

2) 酸处理

酚氧化酶的最适 pH 值在 6～7 之间,低于 pH 3.0 时无活性,所以可以采用酸处理来防止褐变。常用的有柠檬酸、苹果酸、磷酸以及抗坏血酸等。柠檬酸除降低 pH 值外,还有螯合酚氧化酶的 Cu 辅基的作用;抗坏血酸除了有调节 pH 值的作用外,还具有还原作用,当抗坏血酸存在时,醌能被抗坏血酸还原,重新转化为相应的酚,使褐变得以防止。

3) 添加化学物质处理

二氧化硫及亚硫酸钠(Na_2SO_3)、亚硫酸氢钠($NaHSO_3$)、焦亚硫酸钠($Na_2S_2O_5$)、连二亚硫酸钠($Na_2S_2O_4$)等亚硫酸盐都是广泛使用于食品加工中的酚氧化酶抑制剂,它们还是还原性漂白剂,对变色有很好的抑制作用。

此法不仅能防止酶促褐变,还有一定的防腐作用,同时可以避免维生素 C 氧化失效。使用亚硫酸及其盐类也有一些不利的方面,因为它会使食品产生令人不愉快的气味,并使食品脱色(尤其是含有花青素的苹果、芹菜、草莓等不能用此法,因为二氧化硫对它们有漂白作用)。在浓度较高时,还有碍人体健康,因此使用量一般不能超过 1～3 g/kg。

用酚氧化酶底物类似物,如肉桂酸、对位香豆酸以及阿魏酸等酚酸可以有效地控制苹果汁的酶促褐变。

4) 驱氧或隔氧法

最简便的方法是将果蔬投入水中,与空气隔绝来抑制酶促褐变。在水中浸泡

Peng Ren Hua Xue

隔氧的时间久了,存在于组织中的氧也会引起果蔬的缓慢褐变,可以采用表面处理的办法防止组织中的氧引起的褐变。例如,把切开的水果、蔬菜放在加热过的冷水中可以有效防止酶促褐变。

5)保持组织结构的完整性

对于新鲜果蔬,若不是马上食用,应尽量不要损伤其组织,不要让微生物、昆虫等侵蚀它,也不要放在高温条件下,冷藏时要注意其最适温度,不要太高或太低,烹调加工时,应尽量缩短其生鲜状态时的加工时间,做到临食即做。

(三)抗坏血酸褐变作用

抗坏血酸褐变是果汁及果汁浓缩物褐变的主要原因。实践中发现,柑橘类果汁在贮藏过程中色泽变暗,放出 CO_2,抗坏血酸含量降低,这是抗坏血酸自动氧化的结果。其过程如下:

$$\text{L-抗坏血酸} \xrightarrow{-2H} \text{脱氢抗坏血酸} \xrightarrow{H_2O} \text{2,3-二酮基古洛糖酸} \xrightarrow{2H_2O+CO_2} \text{羟基糠醛}$$

所产生的羟基糠醛可与氨基酸进行羰氨反应发生褐变作用。pH 值较低容易发生此种褐变,金属离子也可促进抗坏血酸的氧化褐变。

四、烹调调色

烹调调色,可采用保持原色泽(保色或护色法),或者通过化学反应如焦糖化来增加色彩(上色法)、添加适当的其他食用色素(烹调中叫兑色法)的方法。另外,为了增加菜肴色彩的明亮程度,可通过涂抹油脂的方法实现(烹调中也叫润色法),如淋油、刷油等。

(一)人工着色的食用天然色素

目前我国规定允许作为人工着色色素使用的天然色素有:虫胶色素、姜黄素、辣椒红素、红曲色素、甜菜红、β-胡萝卜素、胭脂树抽提物、焦糖色、小龙虾色素、磷虾色素等。其中焦糖色、辣椒红素、藏红花、绿叶汁等在烹调中经常使用。焦糖色是人工加工制作的色素,其安全性高。常见的包括焦糖Ⅰ(普通法)、焦糖Ⅱ(苛性亚硫酸法)、焦糖Ⅲ(氨法)、焦糖Ⅳ(亚硫酸氨法)等。烹饪中只可用第一种焦糖色素。

(二)食用合成色素

人工合成色素一般较天然色素色彩鲜艳,坚牢度大,性质稳定,着色力强,并且可以任意调色,使用方便,成本低。但合成色素很多属于煤焦油染料,有安全问题。因此,我国食品卫生标准中对合成色素的使用有严格要求。

目前,我国允许使用的食用合成色素有胭脂红、苋菜红、赤藓红、诱惑红、新红、柠檬黄、日落黄、亮蓝、靛蓝和它们各自的色淀以及酸性红、叶绿素铜钠和二氧化肽。色淀是由水溶性色素沉淀在允许使用的不溶性基质上所制备的特殊着色剂。这些人工合成色素按化学结构可分为偶氮化合物和非偶氮化合物两大类。

几种食用合成色素使用性质的比较见表4－7。

表4－7　几种食用合成色素使用性质比较一览表

名　　称	溶解度			坚　　牢　　度							
	水/%	乙醇	植物油	耐热性	耐酸性	耐碱性	耐氧化性	耐还原性	耐光性	耐食盐性	耐细菌性
苋菜红	17.2(21℃)	极微	不溶	1.4	1.6	1.6	4.0	4.2	2.0	1.5	3.0
胭脂红	23(21℃)	微溶	不溶	3.4	2.2	4.0	2.5	3.8	2.0	2.0	3.0
柠檬黄	11.8(21℃)	微溶	不溶	1.0	1.0	1.2	3.4	2.6	1.3	1.6	2.0
日落黄	25.3(21℃)	微溶	不溶	1.0	1.0	1.5	2.5	3.6	1.3	1.6	2.0
靛蓝	1.1(21℃)	不溶	不溶	3.0	2.6	3.6	5.0	3.7	2.5	34.0	4.0

注：坚牢度项内，1.0～2.0表示稳定，2.1～2.9表示中等程度稳定，3.0～4.0表示不稳定，4.0以上表示很不稳定。

（三）着色中的注意事项

1. 安全问题

有些添加剂，特别是化学合成着色剂往往都有一定的潜在风险或毒性，必须严格控制使用，包括食用对象、使用对象、色素规格和用量。原则上菜肴和主食中不可使用合成色素。

2. 使用方法和色素溶液的配置

使用时，一般可分为混合与涂刷两种，混合法适用于液态与酱状或膏状食品，即将欲着色的食品与色素混合并搅拌均匀。涂刷法主要对不可搅拌的固态食品应用，可将色素预先溶于一定的溶剂（如水）中，而后再涂刷于欲着色的食品表面，糕点装饰可用此法。

直接使用色素粉末不易使之在食品中分布均匀，可能形成色素斑点，所以最好配制成溶液应用。一般使用的浓度为1%～10%，过浓则难以调节色调。配制时溶液应该按每次的用量配制，因为配好的溶液久置后易析出沉淀。另外，配制水溶液所使用的水，通常应将其煮沸，冷却后再用，或者使用纯净水。调配或储存色素的容器，应采用玻璃、搪瓷、不锈钢等耐腐蚀的清洁容器具，避免与铜、铁器接触。

选择色素时要注意食品其他成分的影响。包括油脂、有机酸、其他食品添加剂，特别是氧化还原剂等成分的影响。

3. 色调的选择与拼色

色调的选择应考虑消费者对食品色泽方面的爱好和认同，应选择与食品原有

色彩相似,或与食品名称一致的色调。为丰富食用合成色素的色谱,可将色素按不同的比例混合拼配。理论上由红、黄、蓝三种基本色即可拼配各种不同的色谱。

各种食用合成色素溶解于不同溶剂中,可能产生不同的色调和强度,尤其是在使用两种或数种食用合成色素拼色时,情况更为显著。例如各种酒类因酒精含量的不同,溶解后的色调也各不相同,故需要按照其酒精含量及色调强度的需要进行拼色。此外,食品干燥时,色素亦会随之集中于表层,造成所谓"浓缩影响"。拼色中各种色素对日光的稳定性不同,褪色快慢也各不相同,如靛蓝褪色较快,柠檬黄则不易褪色。

4. 遵循先调色后调味的程序

添加色素时,要遵循先调色后调味的基本程序。这是因为绝大多数调色料也是调味料,若先调味再调色,势必使菜肴口味变化不定,难以掌握。

5. 加热的菜肴要注意分次调色

一般合成色素难以耐受 105℃ 以上高温,所以应避免长时间置于 105℃ 以上的高温下。需要长时间加热烹制的菜肴(如红烧肉等)时,要注意运用分次调色的方法。因为菜肴汤汁在加热过程中会逐渐减少,颜色会自动加深,如酱油在长时间加热时会发生糖分减少、酸度增加、颜色加深的现象,若一开始就将色调好,菜肴成熟时,色泽必会过深。所以在开始调色阶段只宜调至七八成,在成菜前,再来一次定色调制,使成菜色泽深浅适宜。

第三节　食品的香气

一、气味概述

(一)气味的形成

食品的气味是食品风味的一个重要组成部分。气味是挥发性物质刺激鼻腔嗅觉神经和鼻三叉神经所产生的一种嗅感觉。长期的生物进化和适应,人与食物之间已形成了一种固定的联系,食品的气味成了判别、评价食品的一个重要手段,也成了加工烹制食品的一个目的,更成为饮食品尝中不可缺少的内容。

气味的形成需要两个基本条件:一是人的嗅觉器官(鼻腔上部的嗅上皮);二是能达到嗅觉器官的挥发性气体成分,这些成分需具备容易挥发、既能溶解于水又能溶解于油脂的性质。

气味物质种类极多,人体大约可识别和记忆约 1 万种不同的气味。能够具气味的分子一般分子量都较小,并且还要具有一定的水溶性或亲水性。所以,从这两方面来看,气味分子的相对分子质量多在 20～300 之间,沸点在 −60～300℃ 之间。

无机物中除 SO_2，NO_2，NH_3，H_2S 等气体具强刺激外，大多为无味。

（二）气味的特性和影响因素

1. 气味的特性

1）敏锐但不精确

人的嗅觉比味觉更复杂，更敏感。人们已发现的食品和花粉的香气成分有几千种之多，嗅觉能察觉的某些气味的灵敏度相当惊人，最敏感的气味物质——甲硫醇只要在 $1\ m^3$ 空气中有 $4\times10^{-5}\ mg$（约为 $1.41\times10^{-10}\ mol/L$）就能被感觉到；每毫升空气中含 4×10^{-11} 克人造麝香就可以被人们嗅出来；而最敏感的呈味物质——马钱子碱的苦味，也要达到 $1.6\times10^{-6}\ mol/L$ 浓度才能感觉到；嗅觉感官能够感受到的乙醇溶液的浓度只有味觉感官所能感受到的浓度的 $1/24\ 000$。

人所能标识的比较熟悉的气味数量相当大，而且似乎没有上限，训练有素的专家能辨别 $4\ 000$ 种以上不同的气味。犬类嗅觉的灵敏性更加惊人，它比普通人的嗅觉灵敏约 100 万倍，连现代最灵敏的仪器也不能与之相比。

嗅觉的辨别阈很大，也就是说人能感受到气味，但对它们的变化感觉很迟钝。对于未经训练的人能可靠分辨气味强度只有 3 个水平，从复杂气味混合物中分析识别出其中成分的能力也是有限的。

2）容易产生适应现象

嗅觉易产生适应现象。古人云：入芝兰之室，久而不闻其香；入鲍鱼之肆，久而不闻其臭。当嗅球中枢神经由于一种气味的长期刺激而陷入负反馈状态时，感觉便受到抑制而产生适应性。另外，当人的注意力分散时会感觉不到气味，时间长些便对该气味形成习惯。疲劳、适应和习惯这三种现象会共同发挥作用，很难区别。不过发生适应现象时，嗅觉对另一种气味仍可感觉到。

3）容易受多种因素的影响

嗅觉有明显的个体差异。嗅觉感受力与人的性别、年龄、健康状况、饥饿状态等生理状况有关，还与人的情绪、注意力、喜好、经验等心理状况有关。对于同一种气味物质的嗅觉感受，不同人具有很大的区别，甚至有些人辨别不出气味来（即嗅盲）。就是同一个人，嗅觉敏锐度在不同情况下也有很大的变化，当人的身体疲劳、营养不良或患病时，嗅觉会受到很大的影响，感冒、鼻炎都可以降低嗅觉的灵敏度。嗅觉的灵敏度和年龄成反比，青壮年的嗅觉比老年人灵敏得多。

香气会受到其他物质的影响，这种影响可能是物质间的相互作用，也可能是不同物质的气味感觉间的相互作用，或者是其他感觉与气味嗅感的相互作用，其结果是：可能相互抵消，也可能相互加强，甚至会变调。例如，番茄汁与二甲硫醚混合后各自的嗅感阈值会降低，从而感受性明显增强。食品中无香的成分，如蛋白质、淀粉、蔗糖、油脂等，也会使香气在强度、特性等方面发生变化。

环境中的温度、湿度和气压变化，既对气味物质本身有影响，同时也对人体的

Peng Ren Hua Xue

嗅觉感受功能有影响。干冷和闷热潮湿的气候都会降低嗅觉的灵敏性。

4）气味成分处于动态变化中

气味成分多是在化学反应中即时产生的微量、超微量成分,容易随时间延长而挥发消失。所以,烹调加工时的气味往往是最佳的,放一段时间会迅速降低。这也是烹调的菜肴不能长时间保存的主要原因。

2. 气味的影响因素

气味的嗅觉感受除了与人有关外,还与气味分子的存在状态和外界环境直接相关。

1）气味分子的存在状态

食品中的气味分子因有其他食品成分存在而表现为游离型和结合型两种状态。挥发性物质以气体状态或水溶解状态存在时可看作游离型,这种气味的影响主要受食品的组织结构所控制。水中其他可溶物的存在也影响气味分子的挥发,与水、油脂结合的气味物质能随水、油脂的挥发而一并挥发。

气味成分以结合型方式存在时,主要是和食品中的高分子化合物,如蛋白质、多糖和一些脂类相结合,结合力为离子键、氢键和疏水作用。蛋白质与气味成分能以三种结合力结合,而多糖则是氢键,脂肪是以疏水作用而结合气味成分。这些气味分子只有在加热时才能很快挥发。

2）外界环境

环境大气的大气压力、大气流速、温度是影响气味的主要环境因素。

（三）香气值和主体香

食品的香气都并非由某一种呈香物质单独产生,它们均含有多种不同的呈香物质,它们的气味是多种呈香物质综合的反映。人体是将气味作为一个整体的形式而不是作为单个特性的堆积加以感受的。为了把握一个食品的总体气味风格,首先应该分清气味成分中各种成分的作用。这就是香气值和主体香的概念。

香气值（发香值）是指判断一种呈香物质在某个食品香气中起作用大小的数值,可用呈香物质的浓度和它的呈香阈值之比来表示,即:

$$香气值=\frac{呈香物质的浓度}{香气阈值}$$

香气阈值（嗅觉阈值）是指嗅觉刚好能辨别的某气味物质在空气中的浓度。所以,当香气值低于1,人们嗅觉器官对这种呈香物质不会引起感觉。表4-8列举了某些物质的香气阈值。

主体香是指一个食品中香气值最大的那些成分的气味。通常,食品和菜肴的主体香成分有两三种。判断一个成分在食品中对香气所起作用的大小,不是由它的实际浓度,而是由它的香气值来决定的。如下表4-9中所列的各种成分中,所起香气作用最大的是壬烯-2-醛,所以可以认为胡萝卜挥发物的香气主体是该成分。

102

表4-8　某些物质的香气阈值

物　质	香气阈值/mg/L(空气)	物　质	香气阈值（水溶液浓度/10^{-9}）
甲　醇	8	VB_1分解物	0.000 4
乙酸乙酯	4×10^{-2}	2-甲基-3-异丁基吡嗪	0.002
异戊醇	1×10^{-3}	β-紫罗酮	0.007
氨	2.3×10^{-2}	甲硫醇	0.02
香兰素	5×10^{-4}	癸　醛	0.1
丁香酚	2.3×10^{-4}	乙酸戊酯	5
柠檬醛	3×10^{-3}	香叶烯	15
二甲硫醚	2×10^{-6}	西　酸	240
H_2S(煮蛋时)	1×10^{-7}	乙　醇	100.00
粪臭素	4×10^{-7}		
甲硫醇	4.3×10^{-8}		

表4-9　水蒸气蒸馏法提取的胡萝卜挥发物的组成

气味物质	占总挥发物的含量/%	阈值/μg/L	香气作用/%
异松油烯	38	200	1
桧　烯	4.0	75	0.5
月桂烯	0.8	13	0.4
松油醇-4	0.7	340	0.01
松油醇-2	0.7	350	0.01
乙酸龙脑酯	0.6	75	0.05
肉豆蔻醚	0.4	25	0.1
壬烯-2-醛	0.3	0.08	22
辛　醛	0.2	0.7	2
胡萝卜烯醇	0.2	8	0.1
庚　醛	0.05	3	0.1
葵烯-2-醛	0.04	0.3	0.8

二、食品气味形成的基本途径

食品发生一定的理化变化时,常常伴有气味的产生。气味与滋味的不同也表

现在此,即气味是在变化中产生,它随食品的变化而变化。从生成气味物质的基本途径来看,主要有:生物代谢、酶反应、热化学反应,以及物理调香等。

（一）生物代谢产生的气味

各种食品原料在天然生长和收获后的鲜活状态下,通过生物化学反应将蛋白质、氨基酸、糖、脂等物质转变为一些能挥发的成分,从而产生气味。这包括:植物性原料在生长、成熟过程中所产生的一些气味成分,动物性原料在后熟过程中产生的气味成分,微生物代谢对食品的发酵、腐败作用所产生的气味成分。

植物在生长、成熟过程中产生的气味成分主要是其次生物质中的萜类,呼吸作用中产生的各种酸、醇、酯,以及蛋白质及氨基酸衍生出的低沸点挥发物。呼吸作用中酯的产生也对原料香气有很大贡献,特别是水果成熟过程中更为明显。植物中的氨基酸转氨、脱氨反应,也产生许多挥发性物质。特别是含硫氨基酸的降解,能产生很多种含硫气味成分,这在蔬菜中很普遍。分子量较低的萜类是易挥发成分,种类极多,特别在香料中含量较多。

（二）酶作用产生的气味

生鲜原料烹制加工时,其自身的酶或外加入的酶能使原料中的一些物质转变为气味成分。

1. 直接酶作用

产生气味的酶反应,一般是直接产生气味物,这类反应叫直接酶作用。能被此酶反应成气味物的前体叫风味前体,此酶也叫风味酶。下式可代表其变化:

$$风味前体 \xrightarrow{风味酶} 挥发性气味成分$$

葱、蒜的辛香气味,萝卜、芥末及芦笋等的气味都是这样产生的。例如芥子的气味产生过程如下:

$$C_3H_5N{=}C\begin{smallmatrix} S-C_6H_{11}O_5 \\[4pt] OSO_3K \end{smallmatrix} \xrightarrow[H_2O]{芥子苷酶} C_3H_5N{=}C{=}S\uparrow + C_6H_{12}O_6 + KHSO_4$$

黑芥子苷(风味前体)   异硫氰酸烯丙酯(气味成分)

2. 间接酶作用

酶反应有时并不直接产生气味成分,它只是产生气味成分的前体或为气味成分产生提供条件。可表示如下:

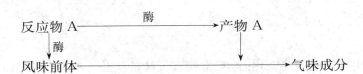

例如,酚氧化酶可氧化酚成醌,醌进一步去氧化氨基酸、脂肪酸、胡萝卜素等产生香气。茶叶的香气也与此有关。

(三)热化学反应产生气味

食品发生化学反应会生成新的气味物质。这些反应有热分解反应、氧化反应和光辐射分解等。对于烹调来讲,热分解反应是产生气味的主要方式。加热时能直接产生气味的反应主要是下面三类反应。

(1)原有食品成分的直接裂解。在温度大于 100℃ 以上,加热时间较长时,食品中的糖、氨基酸、油脂等都能直接裂解。例如,糖加热会发生焦糖化反应。对于分子量较小的酯、糖苷等进行水解能直接产生气味成分,油脂的水解也有明显气味生成。蛋白质、多糖的水解不是产生气味的直接方式,不过它为更进一步的分解创造了条件。

(2)原有食品成分的相互反应。糖、氨基酸之间可以发生相互作用,产生复杂的气味成分。羰氨反应、斯特勒克降解反应会产生吡啶、内酯、呋喃和吡嗪等具特别香气的杂环化合物。例如,烷酸内酯产物是短时加热时糖和氨基酸反应产生的具特征香气的成分。

(3)二次反应。加热中,各种反应产物可以进一步偶联、交叉反应而变得更加复杂多样,这叫二次反应。例如,由糖或美拉德反应产生的羟甲基糠醛,与含硫氨基酸及其分解产物之间又可发生许多反应。这是爆、煸、烤烹制的菜肴其香味特别浓烈的主要原因。

(四)其他方式产生的气味

通过物理变化得到或改变某种气味也是食品气味产生的一个方面。对于低温加热、短时加热的食品来说,物理变化的重要性更加突出。此时,加热只是为了使食品中原有的挥发成分改变其存在状态,从结合型变成游离型,并与水、油一并挥发出来。

添加香调料、辅料也是产生气味的方法。它们含有精油或单体香气物质。精油是从植物的花、叶、茎、根或果实中,通过水蒸气蒸馏法、溶剂萃取法等得到的挥发性芳香物质。它的浓度高,不可直接使用在菜肴中。另外,食品添加剂中的食用香精是人工合成的香气物质,如香兰素、乙基麦芽酚等。其中,乙基麦芽酚就是所谓的"一滴香"这种非正规食品添加物的主要香气成分。特别要注意,使用这些方法来调香可能有安全问题。

三、食品原料的气味与气味物质

(一)蔬菜的气味

蔬菜的气味成分主要是硫化物和萜类,是生物代谢或酶反应产生的。如葱、

蒜、韭菜等均含有硫化物,具有特殊的香辣气味,尤其是蒜最强。表 4-10 是一些蔬菜的香气成分总结。

表 4-10　某些蔬菜的香气成分(主体香或特征香)

菜 类	化 学 成 分	气 味
萝卜	甲基硫醇、异硫氰酸丙烯酸	刺激辣味
蒜	二丙烯基二硫化物、甲基丙烯基二硫化物、丙烯硫醚	辣辛气味
葱 类	丙烯硫醚、丙基丙烯基二硫化物、甲基硫醇、二丙烯基二硫化物、二丙基二硫化物	香辛气味
姜	姜酚、水芹、姜萜、莰烯	香辛气味
芥 末	硫氰酸酯、异硫氰酸酯、二甲基硫醚	刺激性辣味
黄 瓜	2,6-壬二烯、2-醛基壬烯、2-醛基己烯	青臭气
西红柿	青叶醇和青叶醛	青草气味
芹 菜	瑟丹内酯(Ⅰ)	强烈气味
荷兰芹	洋芹脑(Ⅱ)	强烈气味
芫 荽	芫荽醇、蒎烯、加罗木醇、香叶醇	强烈气味

(二)水果的气味

随着果实逐渐成熟,果香主要通过生物代谢合成。水果的主要香气物质有:酯类、醛类、萜烯类、有机酸类和醇类。各种水果的香气成分差异较大,成分十分复杂。参见表 4-11。

表 4-11　几种水果中主要香气成分

水果名称	香气种类数	主 要 香 气 物 质
苹 果	250	2-甲基丁酸乙酯、2-己烯醛、丁酸乙酯、乙酸丁酯
桃	70	$C_6 \sim C_{11}$ 内酯和其他酯类如 γ-十一烷酸内酯
香 蕉	350	乙酸异戊酯、异戊酸异戊酯、丁酸异戊酯
葡 萄	280	邻氨基苯甲酸酯、2-甲基-3-丁烯-2-醇、芳樟醇、香叶醇
柑橘类	>200	萜烯类、烯醇、酯类
香 瓜	80	烯醇、烯醛、酯类
菠 萝	120	己酸甲酯、乙酸乙酯、3-甲硫基丙酸甲酯

(三)动物性食品原料的气味

动物性食品的气味,主要来自其生长或后熟过程中,油脂的分解产物、雌雄个体性激素的分泌以及氨基酸的分解产生。

鱼类、贝类、甲壳类等水产品气味主要是腥臭味,并随新鲜度的降低而增强。

三甲胺为鱼腥臭,特别是海水鱼腥臭成分,浓度在 10^{-6} 左右就能被嗅出来。这是由于氧化三甲胺被还原成三甲胺的缘故。

畜肉的气味稍重于禽肉。反刍动物、野生动物肉气味重于家养的,有乳酸、氨、胺类物质和一些醛、醇的气味。不同肉的气味主要决定于其脂溶性的挥发性成分,特别是短链的脂肪酸,如乳酸、丁酸、己酸、辛酸、己二酸等。分支脂肪酸、羟基脂肪酸使肉味带膻气,如羊肉的膻气成分是 4 -甲基辛酸、4 -甲基壬酸。不同性别的动物肉,其气味往往还与其性激素有关,如未阉的性成熟雄畜(种猪、种牛等)具有特别的膻气,而阉过的公牛肉则带有轻微的香气。畜肉在成熟时,由于次黄嘌呤类、醚、醛类化合物的积聚会改善肉的气味。

四、加工食品的气味与气味物质

加热处理和发酵都能带来多种风味物质。

（一）煮蔬菜时的香气

蔬菜加热产生的气味与其原料的差别不大。蔬菜加热时的气味主要是原有挥发性成分的大量挥发所致,当然,也有少量酶促和非酶促化学反应所产生的风味,如甲硫醇、甲醛等。长时间加热蔬菜,反而会使原有风味失去,而又不能得到更好的风味物,故对于香气清淡或虽浓郁但要保持风味的蔬菜,不宜长时间加热。

（二）肉的加热香气

肉类在烧烤、烹调时能散发出诱人的香气。肉香是多种成分综合的结果。肉香物质的前体是水溶性抽出物,包括氨基酸、肽、核酸、糖类、脂质等物质,这些物质在加热时可以通过三条途径形成肉香物质。

（1）脂类发生自动氧化、水解、脱水及脱羧生成芳香醛、酮、内脂类化合物。

（2）糖、氨基酸分解、氧化,或糖与氨基酸之间发生羰氨反应,生成挥发性呋喃类、吡嗪类等成分。

（3）以上产物之间发生二次反应产生香气成分。例如,肉中的含硫氨基酸和糖之间先发生美拉德反应,而后进行斯特勒克反应,产生肉香中的重要成分三噻烷及噻啶等含硫化物。

已鉴定出牛肉加热熟后具有八百多种、十七大类风味挥发性化合物。见表 4 - 12。

（三）其他食品气味

焙烤食品香气产生于加热过程中的羰氨反应、油脂分解和含硫化合物（维生素 B_1、含硫氨基酸）的分解。羰氨反应的产物如羰基化合物、吡嗪类、呋喃类化合物及少量含硫有机物,是焙烤香气的重要组成部分,尤其吡嗪物质是食品焙烤香气的特征气味成分。另外,面包等焙烤食品的香气还来源于发酵过程中形成的醇、酯类,如高级醇中的异戊醇和丁二酮、乙醇等,特别是 2 -甲基- 5 -甲硫基呋喃具强烈的面包香气。

表4-12 熟牛肉风味中挥发性成分的化学分类

化合物类型	牛肉中该类化合物数量	化合物类型	牛肉中该类化合物数量	化合物类型	牛肉中该类化合物数量
碳氢化合物	193	内酯类	38	噻唑和噻唑啉	29
醇和酚类	82	呋喃和吡喃类	47	非杂环有机硫化物	72
醛 类	65	吡咯和吡啶类	39		
酮 类	76	吡嗪类	51	噻吩类	35
羧 酸 类	24	其他含氮化合物	28	其他杂环硫化物	13
酯 类	59	噁唑和噁唑啉	13	其他化合物	16

　　L-胱氨酸和L-半胱氨酸的水溶液中加入维生素B₂,暴晒于日光下可形成煮米饭的香。精度过高的米煮成的饭香气变弱,主要是因为对米饭香气的形成贡献较大的正是米粒外层部分(米糠)的挥发性成分,特别是酮类等化合物。"陈米臭"与米粒脂肪自动氧化时生成的烷醛、反式-2-烯醛类、酮类等有关。

　　各种发酵食品的香气主要是由微生物作用于蛋白质、糖类、脂肪及其他物质而产生的,其主要的香气成分也是醇、醛、酮、酸、酯类等化合物。白酒以酯类为主体香气成分,酱油具有独特的酱香和酯香,以愈创木酚为主体香气成分,食用醋的风味是由挥发酸决定的。另外,发酵过程中产生的一些成分在加热时更容易发生进一步反应产生更多气味成分,所以烹调发酵食品时的香气往往都很浓烈。例如,豆瓣在炒菜、烧菜中对菜肴的香气有决定性作用。

五、烹调调香

　　调香是指运用各种调料和手段,使菜肴获得令人愉快的嗅觉品质过程。通过调香,可以消除和掩盖某些原料的腥膻异味。食品的香包含了三个层次和阶段的感受:"先入之香",即菜肴还未入口就闻到的香,这是真正嗅觉意义上的感受,由菜肴的主体香成分决定;"入口之香",即菜肴入口之后,还未咀嚼之前所感受到的菜肴之香,它是香气和滋味的综合;"咀嚼之香",即在咀嚼过程中感觉到的香味,它仍然由菜肴的主体香成分决定,但涉及食品的滋味和质构。

　　烹调调香要充分利用气味产生的各种方式,合理运用各种方法,正确选用香料,并与调味和烹制方式密切配合,控制加热温度和时间,才能使菜肴的香味协调统一,又富于层次感。

(一)烹调调香的原则

　　烹调调香的原则就是在烹调加工和餐桌消费时尽量保持、突出原有的香气,抑制、改变和掩盖异味,使菜肴、点心具有可接受的或吸引人的嗅感品质和总体感受。

由于食品气味容易挥发散失，而且产生气味都与一定化学反应有关，因此调香必须和一定的烹调方法、餐饮消费方式结合。例如，现场烧烤、火锅等是提高香气品质、菜肴风味的最佳方法。

（二）烹调调香的原理和方法

1. 控制香气成分方面

从香气成分的来源、产生和控制看，烹调调香的原理有调料或原料的物理调香、加热时的化学反应产生香气。

1）物理调香

调料和原料的物理调香包括挥发增香和除臭、吸附持香等。它们本质上都是控制气味的挥发性。

挥发增香即原有香气成分的适时释放和恰当释放。例如，成菜后趁热撒上葱花、胡椒粉、花椒面等，能够利用菜肴较高的温度，促进葱花、胡椒粉、花椒面等原有香气成分在餐桌消费时恰当地挥发出来，而不是过早地释放。恰当释放就是当有些原料的香气浓度过大时，或单独呈香令人不能接受时，采用稀释等方法降低或改变挥发性，从而使它释放出恰当的气味浓度，产生宜人的效果。例如，羊肉的膻味、海产品的腥味等令许多人不能接受，但如果完全没有它们，羊肉、海产品也会失去其独特的风味品质，因此，实际中只能考虑降低其挥发性。

除臭方面，可利用加入料酒、焯水、过油等手段来溶解不良气味物质，降低其挥发性或加速不良气味挥发，达到除臭的目的。

呈香调料在加热中挥发出大量的呈香物质，这些物质部分被原料中的油脂、蛋白质、淀粉及食品的特殊物理结构吸附，使菜肴主料也带有呈香调料的香气，同时还降低了气味的快速挥发，做到了香气的"缓释效应"，令菜肴香气能够保持更长的时间。例如，炝锅就是利用这种原理，即用少量的热油煸炒葱、姜、蒜，此时，调料中挥发出的呈香物质，一部分挥发掉了，而有一部分则被油脂所吸附，当下入原料烹炒时，吸附了呈香物质的油脂便裹附于原料表面，使菜肴带香。厨师爱用的"老油"，实际上就是利用了油脂能吸附烹调中的各种香气成分，并持久地控制这些成分缓慢释放的一个例子。

为了防止香气在烹制过程中提前挥发和严重散失，可将原料保持在封闭条件下加热，临吃时启开，可获得非常浓郁的香气，这就是封闭调香法。烹调中的上浆、挂糊除了具有调味、增嫩等作用外，也具有封闭调香的功能。另外，汽锅炖、瓦罐煨、竹筒烤、泥烤、粉蒸等方法都对控制气味的挥发和释放有很大帮助。

烟熏也是一种调香方法，常以花生壳、柏树叶、谷草、锅巴屑、食糖等作熏料，把熏料加热至冒浓烟，产生浓烈的烟香气味，使烟香物质与被熏原料接触，并被吸附在原料表面，有一部分还会渗入原料表层之中去，使原料带有较浓的烟熏味。

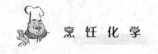

2）化学生香

调香中发生的化学反应有很多，主要是一些香气前体的氧化还原、受热分解反应，以及焦糖化作用、羰氨反应及其中间产物的降解等。炒蔬菜之香、烹煮肉之香、油炸之香、焙烤之香等均与这些反应有关，它们是形成菜肴风味的重要途径和方法。例如，食醋中的醋酸与料酒中的乙醇之间的酯化就可生成具有典型酯香的乙酸乙酯，从而形成食品的香气。

化学反应生香一般在加热时更明显，借助加热可产生新的气味物质，从而形成浓郁的烹调香气。在油中加热的香气成分与水中明显不同，前者与烤相似，后者与煮类似，所以加热生香大致可以分为油式和水式，或烤香型和煮香型。煎炸、烧烤、铁板烧等烹调食品具有明显的烤香型香气，而烹煮、蒸制、炖、煨等食品具有明显的煮香型香气，烧菜、炒菜可具有两种香型，这要根据其加热的具体时间和方式来确定。例如，干烧类菜肴更具有烤香型香气，而滑熘、软炒类菜肴更具有煮香型香气。盐煎肉是同时具有以上两种香气类型的典型菜肴。

为了控制好加热烹调对香气及整个风味的影响，特别要在加热温度、时间、加热介质等方面严格控制，还要掌握好一定的时机。例如，香料的投放时机很重要：一般香气挥发性较强的，如香葱、胡椒粉、花椒面、小磨麻油等，需要在菜肴起锅前放入，才能保证浓香；香气挥发性较差的，如生姜、干辣椒、花椒粒、八角、桂皮等，需要在加热开始就投入，使其有足够的时间让香气挥发出来，并渗入原料之中。另外，在烹调加热前和烹调加热后都要考虑控制香气成分的产生和挥发。例如，原料加热前的腌渍实际上可以看成烹调前的调香，因为一些理化反应可改变原料的异味成分，如醋、料酒能够降低三甲胺的挥发性、增大它的溶解性从而降低鱼腥气味，这是因为鱼腥成分三甲胺等为弱碱性物质，当与醋酸接触时便会发生中和反应，其挥发性降低而溶解度增大，可使腥气大为减弱。

2. 控制香气感觉方面

从香气感觉形成看，烹调调香的原理是利用气味嗅感的增强、掩盖和夺香（变调）作用来达到突出香味、减小异味的目的。

1）增强作用

增强作用的目的就是使可接受的香气充分发挥，增强和突出香味，这包括主料香味、辅料香味和调料香味。但要注意，一般不要同时增强各种香味，如果主料香味较好，应突出主料的香味，如果主料香味不足，则应突出辅料的香味。可利用多种气味嗅感的对比现象、协同作用来达到增香的目的。例如，鱼翅味淡，需用鸡腿、鸡脯等原料增香增味。还有，香味相似的原料不宜相互搭配，配在一起反而使主料的香味更差。如鸭与鹅、牛肉与羊肉、白菜与卷心菜等。

2）夺香和掩盖作用

夺香作用是利用感觉转化现象，即一种气味能够影响和改变人们对另外一种气味的感受性的现象来改变香味感受。某些气味单独存在时，气味不良，但如果在一定范围内，用多种组分恰当组合，反而气味芳香。例如，单独的乙酸并没有良好的香气品质，但食用醋的乙酸却能很好地发挥其香气作用。豆腐乳或臭豆腐的气味也令许多人不能接受，但如果与其他香气相搭配，却可以产生良好风味。

掩盖作用就是利用气味嗅感间的抑制现象，即一种气味能够降低人们对另外一种气味的感受性的现象来达到以香掩臭的目的。有些带有腥、膻、臊等异味的原料，常采用调料来予以掩盖，以压抑原料的异味。辛香料的气味对于抑制肉类特有的异味效果比较明显，常用的有葱、姜、蒜、胡椒、花椒、辣椒、八角、桂皮、丁香等，食醋、料酒、酱油等也可作辅助。鱼腥的掩盖主要用食醋、料酒、香葱、生姜等。

第四节　食品的滋味

一、滋味概述

（一）滋味的概念和形成

食物进入口腔引起的所有感觉总称为口味或口感，包括舌头和口腔的各种感觉，如味觉、触觉、痛觉、温度觉等对食品的感受。在这些感觉中，味觉是一种独特的感觉，因为它是物质在口腔内给予舌头上的特定味感受器的刺激。例如，把盐和糖放在嘴唇上，人们都有一定的感觉，可不能区别它们，因为嘴唇没有味觉器官，但把它们放在舌头上，就能通过味觉所形成的"咸"和"甜"的感受来区别它们。所以，滋味或称味感是指由舌头上的特定的感觉器所感受到的感觉。

滋味的形成需要两个基本条件：一是要有味觉生理感觉器官；二是要有适当的刺激——呈味分子的存在。

从生理方面看，舌头的表面有味蕾和自由神经末梢。味蕾是由 40～150 个味觉细胞成蕾状聚集构成，大约 10～14 天更换一次。味觉细胞的细胞膜上有由特殊蛋白质分子构成的受体。人之所以能够通过舌头来感觉菜肴的滋味，主要是由于食品中的可溶性成分溶于唾液中，并且刺激了味觉细胞的味觉感受体，然后通过一个收集和传递信息的神经感觉系统传导到大脑的味觉中枢，最后通过大脑神经中枢的分析，从而产生味觉。

味蕾在舌头上的分布是不均匀的，大部分分布在舌头表面的乳状突起中，尤其是舌黏膜皱褶处的乳状突起中最密集。舌头的不同部位对味觉的分辨敏感性有一定的差异，一般来讲，舌尖对甜味最敏感，舌根对苦味、辣味最敏感，舌的两侧中部对酸味最敏感，舌尖和两侧前部对咸味最敏感。

从呈味分子方面看，不是所有的成分都能产生味觉。首先，呈味物质必须是

Peng Ren Hua Xue

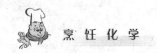

能够溶解在水中的成分;其次浓度必须高于呈味阈值。所谓呈味阈值就是指可以感觉到特定味时呈味物质的最低浓度,也称最低呈味浓度。差阈(又称差别阈值)是指使某一呈味强度发生改变所需要的呈味物质浓度变化的最小值。例如,多数人不能分辨5.0%的蔗糖溶液与5.4%蔗糖溶液的甜味强度的差异,但50%的人能够分辨5.0%的蔗糖溶液与5.6%蔗糖溶液的甜味强度的差异。这说明在5.0%时,蔗糖的绝对辨别阈为0.6%(相对辨别阈数值为12%)。表4-13列举了常见四种味的阈值。

表4-13 基本味的阈值

味	呈味物质	觉察阈值/%		差别阈值/g/L
		25℃	0℃	25℃,在适宜呈味浓度时
甜味	蔗糖	0.1	0.4	2.7
咸味	食盐(NaCl)	0.05	0.25	0.32
酸味	柠檬酸	2.5×10^{-3}	3.0×10^{-3}	0.010 5(盐酸)
苦味	硫酸奎宁	1.0×10^{-4}	3.0×10^{-4}	0.135

(二)滋味的分类

不同地域的人对味觉的分类不一样。中国:酸、甜、苦、辣、咸、鲜、涩。日本:酸、甜、苦、辣、咸。欧美各国:酸、甜、苦、辣、咸、金属味。印度:酸、甜、苦、辣、咸、涩味、淡味、不正常味。从生理的角度出发,甜、酸、咸、苦四种味在舌头上都有与之对应的、专一性强的味感受器,所以把甜、酸、咸、苦四种味称为生理基本味。正像颜色有三原色原理,味觉也有四原味的说法。有人认为,其他味,特别是复合味是四个生理基本味相互作用产生的,这种观点称为"四原味"学说。

从化学的角度出发,味又可分为单一味和复合味两大类。单一味是指单一化学成分或单纯食品原料的某些成分所产生的滋味,包括甜、酸、咸、苦、鲜、辣、涩、碱、清凉及金属味等,这相当于烹调调味中的基本味。菜肴所呈现的味绝大多数都是复合味。复合味是由两种或两种以上的单一味所组成的味感。例如以甜、酸、咸为主味的复合味有甜酸味、咸甜味等。复合味本质上是品味者在食用的时候各种单一味通过相互影响和相互作用所产生的复杂综合感受。

(三)滋味的影响因素和相互作用

1.影响味感的主要因素

呈味物质的特性和人体自身的状况是影响味感特性和强度的两个基本方面。

1)呈味物质的特性

呈味物质的种类(即化学结构和性质)、呈味物质浓度、呈味物质对味觉器官的刺激时间、刺激强度随时间的变化率等是决定味感的主要因素。

味感与物质结构有如下对应关系：甜味——糖类：能形成氢键的低分子水溶性有机物。苦味——生物碱：与甜味相似。酸味——酸类：电解质物质。咸味——盐类：电解质物质，主要是无机物。

菜肴的物理和化学环境也是重要的影响因素。只有溶解后的呈味物质才能刺激味蕾，因此，完全不溶于水的物质是没有味感的。呈味物质的溶解度大小及溶解速度的快慢，会使味觉产生的时间有快有慢，维持时间有长有短。在四种基本味觉中，人对咸味的感觉最快，对苦味的感觉最慢，但就人对味觉的敏感性来讲，苦味比其他味觉都敏感，更容易被觉察。咸味物质和酸味物质都为电解质，易溶于水，人对它们的敏感性很高。蔗糖也易溶解，能很快产生甜味，糖精较难溶解，则味觉产生较慢，维持时间也较长。所以，调味的时候，常常利用油脂对水的疏水作用来缓解味感的强度，增加延续时间，产生"后味感"和延续感。

呈味物质只有在适当浓度时才会使人有愉快感，而不适当的浓度则适得其反。一般说来，甜味在任何能被感觉到的浓度下都会给人带来愉快的感受；单纯的苦味差不多总是令人不快的；酸味和咸味在低浓度时使人有愉快感，在高浓度时则会使人感到不愉快。

温度对人的味觉产生有一定的影响。据测定，最能刺激味觉神经的温度在10～50℃之间。例如，甜味、酸味的感受性在37℃最大，而咸味在18℃、苦味在10℃时最佳。反之，若是低于或高于这个温度范围，敏感性都会有所降低。所以，凉菜类的调味可以适当增大调味料的用量。

连续长时间受同一呈味物质刺激（或同一强度的刺激），味感觉器对此味会迟钝，这种现象称为味觉的适应现象。此时对其他味的感受不受影响，或影响甚小，甚至反而更灵敏。例如，在咸味已变得迟钝时，吃甜食会感觉更甜。正是为了防止连续品尝出现味觉适应现象，菜肴搭配和食用的时候要避免单味菜，还要搭配一定的饮料和汤水，用之来漱口和改换口味，以免生腻。

2）人体自身的状况

人的生理状况和心理也是影响味感的主要因素，包括年龄、饥饿程度、已经形成的饮食习惯、情绪等。老年人由于味蕾功能减弱，对呈味物质的敏感性明显衰退，吃东西会感到没味。敏感性衰退对酸味不明显，对甜味是1/2，苦味（硫酸奎宁）是1/3，咸味是1/4。

心理活动作用于味觉的因素最为复杂，饮食的环境、食品的外观、价格、服务质量、饮食的实现值与期望值、情趣的高低、印象等都可能作用于人的心理，而通过人的心理活动直接影响到味觉的感应程度。

2. 味的相互作用

要使菜肴产生出鲜美的滋味，一在于烹，二在于调。要掌握好调味这一烹调的关键技术，有必要了解味与味之间的各种相互作用。

1）对比

对比是指同时品尝两种或两种以上的不同味,出现其中一种呈味物质的味道(一般是主味)更加突出的现象。例如,在 15％ 的砂糖溶液中加 0.017％ 的食盐,结果感到其甜味比不加食盐时要强;鸡汤或味精的鲜味有食盐存在时,其鲜味增加。另外,两个味先后品尝时,前味往往能使后味突出,这也是典型的对比现象,我们称之为继时对比,而前者称之为同时对比。

对比现象在调味中有广泛的应用,同一菜肴中主味与次味搭配的原理、筵席中多味搭配的原理就在于此。例如,以咸味为主的菜肴,可以加上少许的食糖,加糖但不呈甜,这时菜肴的味道比不加糖的更适口鲜美;在制作甜食时,加少量的盐,以改善风味。

2）相消

相消是指同时品尝两种或两种以上的不同味,出现其中一种味道或多种味道比单独存在时所呈现的味道有所减弱的现象,也称拮抗作用。例如,在食盐、砂糖、奎宁、盐酸四种不同味觉的呈味物质之间,把其中任何两种以适当浓度混合后,会使其中任何一种单独存在时的味觉减弱;糖精有苦味,但添加少量谷氨酸钠,苦味就可明显缓和;在橘子汁里添加少量柠檬酸,会感觉甜味减少,若再加砂糖,又会感到酸味弱了。

相消一般发生在两种味的强度都比较大的时候。例如,在烹调过程中当不慎把菜的味调得过酸或过咸时,常常可以再加些适量的糖,就可使菜肴原来的酸味或咸味有所减弱。

3）相乘

相乘是指同时品尝同一味感的两种或两种以上的不同呈味物质的时候,出现使该味感猛增的现象(有时也叫协同作用)。例如,味精与核苷酸共存时,会使鲜味有相乘的增强作用;甘草酸铵本身甜度为蔗糖的 50 倍,但与蔗糖共用时,甜度可猛增到 100 倍,这些并非是简单的甜度加成,而是具有相乘的增强作用。又如鲜味剂中,95 克味精和 5 克肌苷酸相混合,结果所呈现的鲜味相当于 600 克味精所呈现的鲜味强度,这种鲜味强度的增加也不是简单的加和,而是相乘作用。

相乘在烹调中的应用也很多。在制作某些炖、煨、烧菜时,经常是将富含核苷酸的动物性原料(如鸡、鸭、蹄膀、猪骨等)和富含谷氨酸的植物性原料(如竹笋、冬笋、香菇、蘑菇、草菇等)混合在一起,这样可以大大提高菜肴的鲜味程度。

4）转化

由于受某一种味觉的呈味物质的影响,使得另一种呈味物质原有的味觉性质发生了改变,这种现象称为味的转化作用。例如,当尝过食盐或苦味的奎宁以后,立即饮些无味的冷开水,这时会有甜味的感觉产生。又如,口腔内放入糖,有浓厚的甜味感觉,接着喝酒,口腔内只有苦味的感觉。刷过牙后吃酸的东西就有苦味感产生。

(四)烹调调味

烹调调味实质上就是利用味觉间的相互作用来产生复合味。调味时要注意以下几点,方能够烹调出美味的菜肴。

第一,烹调调味要遵从三大原则:服从食品主味的原则;突出刺激性小、减弱刺激性大的味的原则;以味促摄取和进食的原则。

第二,呈味物质在食品和菜肴中是不均匀的,而且很多时候也不需要某种呈味物质平均分布在食品或菜肴的各处。例如,挂糊、上浆的菜肴、含馅的各类点心等,正是利用了其呈味物质的非均匀性,才能在品尝食品、咀嚼食品时产生不断变化的味感刺激。

第三,如果希望呈味物质尽量平均分布,那么不仅要利用调味料分子的扩散作用,而且还应该通过加热、搅拌或增大调味料的接触面积等方式来加速分子的扩散。烹调中的翻锅和勺功就有这个作用。溶液或流动的食品,其呈味成分更容易溶解、扩散,所以加水、加热都有利于调味物质向食品内部渗透和迁移。

第四,呈味物质在一般的烹调条件下是稳定的,因此其呈味性改变不大,虽然有机酸、一些糖类等会有一定变化,但总体影响不大。在加热或酶的作用下,原料和调味料中的某些成分会发生一定化学反应,产生新的呈味成分。例如,蛋白质水解生成肽和氨基酸,鲜味增强;淀粉水解产生麦芽糖,点心甜味增强;腌渍能产生有机酸,产生酸味。

第五,烹调调味,要采用多种方法和手段,可在烹前、烹中和烹后调味。例如,烹调前的腌渍、码味、上浆、挂糊,烹调中的掺和、灌汤、收汁、拔丝、蜜汁,烹调后的蘸食法等。

二、基本味

(一)甜味

1. 甜味的概述

甜味是蔗糖的味感,其他物质的甜味感都可与蔗糖的味感相比较。甜味强度用甜度来表示,这是甜味剂的重要指标,通常是以在水中校定的蔗糖为基准物(如以5%或10%的蔗糖水溶液在20℃时的甜味为1.0或100),用以比较其他甜味剂在同温度同浓度下的甜度。这种相对甜度(甜度倍数)称为比甜度。某些甜味剂的比甜度可见表4-14。

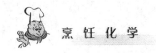

表 4-14　某些甜味剂的比甜度

甜 味 剂	比甜度	甜 味 剂	比甜度	甜 味 剂	比甜度
α-D-葡萄糖	40~79	蔗糖	100	木糖醇	90~140
β-D-呋喃果糖	100~175	β-D-麦芽糖	46~52	山梨醇	50~70
α-D-半乳糖	27	β-D-乳糖	48	甘露醇	68
α-D-甘露糖	59	棉籽糖	23	麦芽糖醇	75~95
α-D-木糖	40~70	转化糖浆	80~130	半乳糖醇	58

注：以蔗糖的甜度定为100作为标准。

2. 甜味的特性

1）独立呈味性

甜味是人们最喜爱的基本味感，在食品和烹调加工中应用十分广泛，因此它是几乎唯一可独立呈味的基本味。

2）灵敏性适中

甜味的阈值、差阈都较大，而且甜味物质高浓度时的呈味也是可以接受的。所以在烹调中甜味的调味范围宽，容易调准确。

3）胃饱感作用

甜味，特别是糖的甜味，可产生胃饱感作用，同时，甜味的消失慢，容易产生发腻感，因此，调味时应该注意"甘而不浓"。

4）甜味与其他味的关系

甜味在食品中最大的作用就是利用它对苦味的相消作用。其次，在烹调过程中，糖、食盐和食醋一起使用可以改善菜肴的风味。

咸味可与甜味发生对比和相消作用。低浓度食盐可能使蔗糖的甜度增高，高浓度时甜度下降。在咸味剂存在的前提下，加少量的甜味剂，可形成浓郁的鲜味感。酸味与甜味主要是相消作用。经测试在0.1％的醋酸溶液中添加5％~10％的蔗糖，是人们喜欢的酸甜味，因此是最理想的糖醋味汁的比例。食盐和醋酸对蔗糖甜度的影响可见表4-15。

表 4-15　食盐和醋酸对蔗糖甜度的影响

蔗糖浓度/％	浓　度/％	对甜度的影响
3~10	（食盐）1	降低
5~7	（食盐）0.5	增高
1~5	（醋酸）0.04~0.06	无
6以上	（醋酸）0.04~0.06	降低

各种甜味之间可发生相互增甜作用（相乘作用），从而改进甜味的品质，减少糖的使用量。例如，5％的果糖液与0.02％的糖精液混合，其甜度相当于14.3％的蔗糖液，虽然5％葡萄糖液的甜度约等于该浓度蔗糖甜度的一半，但若配成5％的葡萄糖与10％的蔗糖混合液时，其甜度与15％的蔗糖液相等。

3. 甜味理论

有关甜味的理论很多。目前被广泛接受的是1967年夏伦贝格尔（Shallenberger）提出的甜味学说，1977年克伊尔（Kier）又对其理论进行了补充，统称为夏-克甜味学说。该学说认为：甜味分子和甜味受体分子结构中都有一对相距为3Å（1Å＝0.1 mm）的氢键接受体B和氢键供给体AH存在，两对AH－B单位结合互补，可形成由两个氢键螯合成的"底物-受体"复合体，从而产生甜味。甜味的强弱与它们之间氢键的强度有关。在距A基团3.5Å（0.35 nm）和B基团5.5Å（0.55 nm）处，若有疏水基团r存在能增强甜度。因为此疏水基易与甜味感受器的疏水部位结合，加强了甜味物质与感受器的结合（见图4-6）。

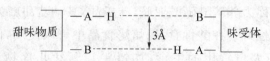

图4-6　夏-克甜味学说图示

图中的A代表一个带负电性原子，AH可以代表羟基（—OH）、亚氨基（=NH），氨基（—NH₂）等基团；

图中的B代表另一个负电性原子，这个B原子也可以是氧（O）或（N）。

4. 甜味物质

甜味物质可来源于食品主体成分，也可是添加物。添加物按其来源可分为天然甜味剂和人工合成甜味剂；按其营养价值分为营养性甜味剂和非营养性甜味剂；按其化学结构和性质分为糖类甜味剂和非糖类甜味剂。

1）天然甜味剂

糖类是最有代表性的天然甜味物质，但并不是所有的糖类都有甜味，甚至有的还具有苦味。多糖和许多寡糖，如淀粉、麦芽低聚糖都无甜味感。

（1）糖类甜味剂和糖醇。

蔗糖、果糖、葡萄糖、麦芽糖、乳糖等都是甜味物，但一般不作为添加剂看待。食用糖及糖果制品几乎全是这些糖。常见的白砂糖、红砂糖、冰糖、绵白糖实际上都是蔗糖，蜂蜜中以葡萄糖、果糖为主，糖果中有蔗糖、果糖及转化糖等。

糖醇类甜味剂多由人工合成，其甜度与蔗糖差不多，其热值较低，为非营养性或低热值甜味剂。糖醇类甜味剂主要有D-木糖醇、D-山梨醇、D-甘露醇、麦芽糖醇、异麦芽酮糖醇和氢化淀粉水解物等，它们是一类不使人血糖升高的甜味剂，为糖尿病、心脏病、肝脏病人的理想甜味剂。

（2）非糖天然甜味剂。

在一些植物中常含有某些非糖结构的甜味物质，如甘草苷或甘草酸二钠、甘草酸三钠（钾）（比甜度为 100～300）、甜叶菊苷（比甜度为 200～300）、甘茶素（又称甜茶素，比甜度为 400），以及中国的罗汉果和非洲竹芋甜素等。

（3）天然衍生物甜味剂。

由一些本来不甜的非糖天然物经过改性加工，成为高甜度的安全甜味剂。主要有氨基酸衍生物、二肽衍生物、果葡糖浆、淀粉糖浆和二氢查耳酮衍生物等。例如，D-色氨酸、天门冬氨酰苯丙氨酸甲酯（APM，甜味素，商品名为 Aspartame，阿斯巴甜）、纽甜（N-[N-（3,3-二甲基丁基）-L-α-天门冬氨酰]-L-苯丙氨酸-1-甲酯）、阿力甜（天丙氨酰胺，天胺甜精）。

2）合成甜味剂

合成甜味剂主要有糖精、甜蜜素（化学名称为环己胺磺酸钠）、安赛蜜（乙酰磺胺酸钾盐、AK 糖）、三氯蔗糖（TGS）和 L 糖等。

糖精的化学名称为邻苯酰磺酰亚胺，味极甜，其钠盐甜度为蔗糖的 500～700倍，易溶于水，稳定性好。在酸性食品、焙烤食品中可以使用，但最大使用量不超过 0.15 g/kg，人们大量食用的主食（如馒头）、婴幼儿食物、病人食物中不得使用。

CO
N—Na · 2H$_2$O
SO$_2$
糖精钠

CO
NH
SO$_2$
糖精

另外，还有一种叫蛋白糖的甜味剂。它是安赛蜜、阿斯巴甜、糖精等与糖浆搅打成膨松如蛋白状的复合甜味物，所以又称蛋白膏、蛋白糖膏，主要用途是添加在如饼干、糕点中增加其甜度及改善口感。

（二）酸味

1. 酸味的概述

酸味是柠檬酸或醋酸的味感，其他酸性物质都可能有相似的味感。在食品中酸味比甜味的分布还广泛。

酸味感是由于舌黏膜受到氢离子刺激而引起的，但酸解离后的阴离子也影响酸味，特别是在强度和酸感性质上有明显作用。因此，酸味定味基是氢离子，助味基是酸根阴离子。

并不是所有含酸性物质的食品都是酸味的，只有当食物进入口腔后使溶液的 pH 值低于人的酸味阈值时才可能产生酸味。人体对无机酸的酸味阈值为 pH 3.4～3.5，有机酸的酸味阈值多在 pH 值 3.7～4.9 之间。

酸的浓度与酸味强度之间也不是简单的相关关系。在同样的 pH 值下,各种酸的酸味大小取决其助味基的阴离子,此时有机酸的酸味一般大于无机酸。若将柠檬酸作为酸味标准,则醋酸最强,盐酸最弱。酸感强度顺序为醋酸＞甲酸＞乳酸＞草酸＞盐酸。

2. 酸味特性

1) 刺激性大

酸味是刺激性大的味感,对人有消极的影响,因为酸味感是动物进化过程中发展最早的一种保护机体的化学感觉。所以,酸味不能独立呈味或作为独立主味。食品调味的方向就是降低或改变酸的强刺激性,烹调调味时要注意"酸而不酷"。

2) 灵敏性高

酸味是变化快、感受灵敏的味感。酸味的阈值和差阈都比甜味和咸味要低得多,因此浓度稍微增加,可导致酸味感极大地增高,以至在酸的浓度不太高时就有很强的不快感。酸味物质一般都是小分子水溶性成分,并且它促进唾液的分泌,所以酸味感的形成和消失都很快,使味感在短时间内产生巨大的起伏,因此它不容易被人体适应,也使调味中酸味不容易调准确。当然,酸味的这种刺激,有助于消化液的分泌,从而有助于食物消化。

3) 酸味与其他味的关系

首先,酸味物质之间有相乘作用和相加作用,同时,不同酸的酸根阴离子还会相互补充,产生一种复合的酸味。例如食醋中除有醋酸外,还有乳酸、氨基酸、琥珀酸等其他有机酸,食醋的风味是多种成分的综合效果。其次,酸味和甜味的相消作用,构成了特定的复合味。另外,少量咸味能与酸味产生对比,所以烹调中说"盐咸醋才酸"。苦味物质往往使酸味增强,形成不可口的酸苦味,在食品中要避免这种现象产生。

4) 温度对酸味的影响

这与酸味形成中要保持有连续不断的 H^+ 与味受体反复作用有关。当温度升高时,能促使酸的离解,能使与味受体已结合的 H^+ 解脱下来,重新产生作用,增强了 H^+ 与味受体的作用次数,味感便大增,所以温度对酸味感的影响大。

3. 酸味剂

食品中的酸味剂一般都是含各种有机酸成分的复合调料,例如食醋、番茄酱、柠檬汁等。水果蔬菜中本身含有许多有机酸,如柠檬酸、苹果酸、酒石酸、抗坏血酸等构成了它们独特的酸味感,泡菜、酸菜、酸奶中存在乳酸(α-羟基丙酸)。天然水果果汁的酸味强,其 pH 在 2.0～5.0 之间。最常见的一些可食用酸的性质见表 4-16。

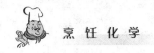

表 4-16　常见食用酸的性质

酸	味感相当量*	电离常数	味感特征	存　　在
酒石酸	68～71	$1.04×10^{-2}$	强烈、涩感	葡萄
苹果酸	54～56	$3.9×10^{-4}$	清鲜、稍苦	葡萄、苹果、梨、樱桃、杏
抗坏血酸	208～217	$7.94×10^{-5}$	温和、爽快	橙、葡萄柚
醋　酸	72～87	$1.75×10^{-3}$	醋味、刺激	食醋含 3%～5%醋酸
乳　酸	104～110	$1.26×10^{-4}$	尖利、稍涩	泡菜、酸菜、酸奶
柠檬酸	100	$8.4×10^{-4}$	温和、新鲜	浆果、柠檬、菠萝；调味通常用量为 0.1%～1.0%

注：* 是指当柠檬酸为 100 时，其他酸的味感与之相当的量。

（三）咸味

1. 咸味概述

咸味是中性盐呈现的味道。烹调中把咸味作为调味的主味，有"百味之王"、"无盐不成味"之说。在调味中，咸味起着控制其他味的作用。

1）咸味形成的机制

咸味的形成：中性盐溶于水后，离解出阳离子和阴离子，这些离子与味受体相互作用，改变了味受体原有的状态，从而产生咸味感觉。这些离子与味受体之间的作用力主要是静电作用力，另外阳离子水化后的水合阳离子，还能以氢键及一定的空间取向与味受体作用。目前认为味受体为味细胞膜上的脂蛋白，与酸味形成一样，主要为带正电荷的阳离子产生咸味，同时阴离子影响咸味并产生副味。这种由离子所产生的味，其形成和消失都很快。氯化钠是最为理想的咸味物，其氯离子产生的副味最小，同时它对钠离子影响也最小，所以 NaCl 咸味纯正。随着阴离子的变化，副味便开始产生，这些阴离子除 Cl^- 外，还有 Br^-，I^-，SO_4^{2-}，CO_3^{2-}，NO_3^- 及有机酸根，除卤素元素的阴离子外，其他阴离子都有明显的副味。

阳离子的变化对咸味影响更大，咸味一般随着其离子半径增大向苦味变化，Na^+，K^+ 的咸味较纯，NH_4^+，Mg^{2+}，Ba^{2+}，Ca^{2+} 等开始出现苦味、涩味。非中性盐因其水解而可能导致酸味或碱味。

2）咸味的呈味特性

与其他味相比，咸味有许多特点。首先，咸味刺激性小，形成快，延续短，消失快，强弱对比明显，所以咸食不易使人生腻，它是调味中最重要的基本味。其次，咸味能与其他味产生多种相互作用，这是在其他味明显呈味时也需要加一定食盐的原因，也是咸味常作主味的另外一个原因。许多食品都或多或少具咸味，其他味仿佛是建立在咸味之上的。

咸味呈味物的阈值和差阈都小，咸味强度随呈味物浓度的变化而迅速变化。人可接受咸味的浓度范围小，而味感强度变化范围较大，因此咸味是一种灵敏性高的味感，这与甜味不一样；不同人对咸味的敏感性差异大，同一人在不同生理状态下对咸味的敏感性也不同，所以咸味比其他味更难调准。

2. 咸味与其他味的关系

1）咸味与甜味

甜味为主时，咸味对甜味有对比作用。例如，在蔗糖液中，添加食盐的量是蔗糖量的 1%～1.5% 时，甜味都增加。愈稀的糖液中，相对于浓的糖液，更应添加较多的食盐，才能产生对比作用。当食盐的咸味逐渐呈味显著后，甜味又下降，直至咸味占主要，或者甜味几乎被掩盖，这是相消作用。咸味为主时，甜味与之是相消关系（不过 20% 的 NaCl 的咸味不能被甜味完全遮掩）。烹调中，在咸味中加入甜味的目的并非是为了得到甜味，而是改变咸味，或减弱咸味。

2）咸味与酸味

咸味与酸味能产生相互对比现象，即在咸味中加少量醋酸，咸味会加强。例如，在 1%～2% 的食盐水中加入 0.01% 的醋酸，或在 10%～20% 的食盐水中加入 0.1% 的醋酸，咸味都增加。而在酸味中加少量盐，酸味也会增强。咸味与酸味彼此相当时，相互产生相消作用，彼此抵消。但咸味、酸味不能完全掩蔽对方，会产生变味现象。

3）咸味与苦味

咸味与苦味是相消作用。咸味溶液中加入苦味物质可导致咸味减弱，如在食盐溶液中加入适量的苦味物质咖啡因则使咸味降低。苦味溶液中由于加入咸味物质而使苦味减弱。如 0.05% 的咖啡因溶液（相当于泡茶时的苦味）随着加入食盐量的增加而苦味减弱，加入的食盐量超过 2% 时则咸味增强。

4）咸味与鲜味

咸味与鲜味是相辅相成的，咸味因鲜味而趋缓柔和，鲜味因咸味而更突出。食盐在这里起着助鲜剂的作用。

3. 咸味物质

咸味物质分为三类：第一类是呈咸味为主的盐，有 NaCl，KCl，NH_4Cl，LiCl，NaBr，LiBr，NaI 等；第二类是呈咸味同时兼有苦味的盐，有 KBr，NH_4I，$BaBr_2$ 等；第三类是以呈苦味为主兼有咸味的盐，有 $MgCl_2$，$MgSO_4$，KI，$CaCl_2$，$CaCO_3$ 等。粗盐因含有 KCl，$MgCl_2$ 等较多而带苦涩味。

一般食品的食盐用量应在 0.5%～2.0% 之内。用盐来保藏的食品，其含盐量较高，往往超过 15%。一般酱油中含盐量为 18% 左右。表 4-17 列出了烹调中的一些适宜用盐量。

表 4 - 17　不同烹调方法调味用盐量

菜肴类别	用盐/%	备注
汤菜	0.8～1.1	以汤汁计算盐量
烘烤菜	1.5～2.0	
煮菜	0.9～1.5	汤汁和干料合并计算
蒸菜	1.2	加水量约为 1：1.5
炒蔬菜	1.5～2.0	

（四）苦味

1. 苦味概述

苦味是分布最广泛的味感。单纯的苦味并不令人愉快,但它在调味和生理上都有重要意义,当它与甜、酸或其他味感调配得当时,能起着某种丰富和改进食品风味的特殊作用。例如,苦味是一些饮料如茶、酒类中的重要风味特征。四种基本味感中(苦、酸、咸、甜),苦味是最易感知的一种,一些消化活动障碍、味觉出现减弱或衰退的人,常需要强烈刺激味感受器来恢复正常,在这方面由于苦味阈值小,也最易达到目的。

苦味的基准物质是奎宁。不少苦味物质是对动物体有害的物质,所以,苦味实际上提醒了动物不可吃进有害的毒物,起到保护的作用。

2. 食品中的苦味物质

食品中的苦味物质,主要有植物自身存在的生物碱、萜类、苷类、内酯、氨基酸、肽和蛋白质等,还有动物中的胆汁酸、肽、含氮有机碱,一些加工性食品中的醛、酮、杂环化物,及重金属盐等。

生物碱是分子中含氮的有机碱,碱性越强则越苦,成盐后仍苦。已知约有6 000种,几乎都具有苦味,有的苦且辛辣,能刺激唇舌。其中的番木鳖碱是目前已知的最苦物质。黄连是季铵盐,离解后能与金属离子以双配基螯合,成为有名的苦剂。茶叶的苦味是由咖啡碱、茶碱及可可碱组成的。

柚皮苷、新橙皮苷、芸香苷、苦杏仁苷等存在于柑橘类、桃、杏、李等水果中,使它们带苦味。在蔬菜中,也有苦味带毒的糖苷,特别是如苦杏仁苷这类生氰苷类。

植物中的萜类大多具苦味,如许多叶菜,特别是野菜中含量较多。另外,啤酒酒花中的苦味成分 α 酸、异 α 酸等也是萜类物质。其中,异 α 酸是啤酒中最重要的苦味物质。

一部分氨基酸如亮氨酸、异亮氨酸、苯丙氨酸、酪氨酸、色氨酸、组氨酸、赖氨酸和精氨酸都有苦味。水解蛋白质和发酵成熟的干酪常有明显的令人厌恶的苦味。动物胆汁是一种色浓而味极苦的有色液体。胆汁中的苦味成分主要有三种,即胆酸、鹅胆酸和脱氧胆酸。

3. 苦味与其他味的关系

在 15% 砂糖溶液中添加 0.001% 奎宁,与未添加者相比较,出现强烈的甜味感,这是很好的对比。但是,如果苦味物质的量过多,口味则受苦味的支配。苦味中添加甜味,会有抑制的效果,使苦味变得柔和。咖啡等加糖的主要原因就是为了调和苦味。

苦味可使酸味更加明显,这也是对比作用。例如,未成熟的水果就有酸苦味,这样可以防止动物过早食用它们。鲜味可以降低苦味。例如,糖精为甜味物质,其后味苦,但是加入少量谷氨酸钠可使其后味变得相当柔和。

三、其他味

(一)鲜味和鲜味剂

1. 鲜味概述

肉类、鱼贝类、可食菌类及一些植物原料的鲜味尤为突出和特别。烹调中常用这些原料制汤,用来提高菜肴的鲜美可口程度。鲜味可认为是这些原料制成的汤的味感,或其浸出物的味感。从化学组成来看,这些原料一般都富含蛋白质,所以其浸出物也与蛋白质有关。目前已证实,鲜味的呈味成分有氨基酸、核苷酸、酰胺、三甲基胺、肽、有机酸、有机碱等物质。肉中的肌酸、肌酐、肌肽、甜菜碱、氧化三甲胺、章鱼肉碱等就是呈鲜味的有机碱(见表 4-18)。

表 4-18　一些食物中的主要鲜味成分

食 物	谷氨酸钠 (MSG)	氨基酸、酰 胺、肽	5′-肌苷酸 (IMF)	5′-鸟苷酸 (GMP)	琥珀酸钠
畜 肉	+	++	++++		
鱼 肉	+	++	++++		
虾、蛋	+		++		
贝 类	+++	+++			+++
章鱼、乌贼	++	+++		+++	+++
海 带	++++	++			
蔬 菜	++	++			
草 类				++++	
酱 油	+++	+++			
蕈 类		+		+++	

鲜味在烹调中非常重要:鲜味能使苦味减弱,酸味缓和,也能使甜、咸平缓并复杂化;使滋味增添丰厚感觉,入口后使人产生舒适感;促使唾液分泌,增强食欲。鲜味的产

生机制还未弄清,不过,可以认为鲜味与食品中蛋白质、核苷酸的含量、状态有关。

烹调中常常利用富含上述呈鲜成分的鸡、鸭、蹄膀、冬笋、蘑菇等制成高浓度的鲜汤,用以烹制鲜味不足的某些高档原料(如鱼翅、熊掌、海参等),形成营养价值高、滋味鲜美的高档菜肴。

2. 鲜味成分和鲜味剂

常用的呈鲜调料有:味精、特鲜味精、各类天然动植物原料的浸出物,包括畜肉、禽肉、鱼类、贝类、蔬菜(番茄、辣椒、洋葱、大蒜、芹菜等)以及酵母、菇类的浸出物,还有植物水解蛋白(HVP)、动物水解蛋白(HAP)等。所有的呈鲜调料,都含有氨基酸、核苷酸等成分。例如,蚝油是一种复合鲜味剂,主要是牡蛎的浸出物,含有氨基酸、核苷酸等成分。

1) 鲜味氨基酸

有鲜味的氨基酸主要有 L-谷氨酸、L-天门冬氨酸及其钠、钾盐和酰胺,另外 L-高半胱氨酸、DL-α-氨基己二酸、DL-苏-β-羟谷氨酸,及一些如蕈类中的口蘑氨酸、鹅膏蕈氨酸,茶氨酸也具有鲜味。

在谷氨酸钠的 D-及 L-两种构型中只有 L-型有鲜味。L-谷氨酸一钠俗称味精,简写为 MSG,具有强烈的肉类鲜味,阈值为 0.03%。其结构如下:

L-型谷氨酸钠　　　　　　D-型谷氨酸钠

有鲜味　　　　　　　　　无鲜味

使用谷氨酸一钠时应该注意以下问题。

(1) 注意菜肴的酸碱性。菜肴的 pH 小于 5 时,酸味大,且谷氨酸钠溶解度低,鲜味下降;而 pH 大于 8 时,又以二钠盐形式存在,碱性更高易消旋化,形成 D-谷氨酸钠,鲜味消失,所以味精的理想使用范围应在 pH 6~8 之间。

(2) 注意加热的温度和时间。谷氨酸在 150℃会失水,210℃发生吡咯烷酮化生成焦谷氨酸,270℃分解破坏,鲜味下降或消失。所以味精最好在成菜后放入,还应注意不要长时间强热加工食品。

(3) 注意味精与食盐搭配。谷氨酸钠只有在有一定 NaCl 存在时,才有突出的鲜味。所以,味精要根据原料多少、食盐用量等来确定其用量。这与 Na$^+$ 与谷氨酸在水中呈阴离子时两者的相互作用有关,也与咸味与鲜味之间的相互作用有关。两者之间的恰当比例见表 4-19。

表 4–19　食盐与味精的适口度关系　　　　　　　　单位：％

食　盐	谷氨酸一钠
0.40	0.48
0.52	0.45
0.80	0.38
1.08	0.31
1.00	0.30
1.20	0.28

　　另外在发酵食品中，也不要在发酵前加味精，以防止发酵时被分解，造成浪费。

2）鲜味核苷酸

　　核苷酸中能够呈鲜味的主要有 5′-肌苷酸（5′-IMP）、5′-鸟苷酸（5′-GMP）。鲜味核苷酸广泛存在于动物性食品中，特别是肌苷酸含量较高。植物中也有鸟苷酸等作为其鲜味成分。鲜味核苷酸与谷氨酸一钠在鲜味上有协同（相乘）作用。特鲜味精就是用少量的 5′-IMP 与普通味精的谷氨酸一钠混合使用，产生更鲜的效果。可见表 4–20 所示关系。

表 4–20　5′-核苷酸对谷氨酸一钠的增味作用

重量混合比 MSG∶5′-IMP（5′-GMP）	单位重量混合物的呈味力*	重量混合比 MSG∶5′-IMP（5′-GMP）	单位重量混合物的呈味力*
1∶0	1	10∶1	5.0(19.0)
1∶2	6.5(13.3)	20∶1	3.4(12.4)
1∶1	7.5(30.0)	50∶1	2.5(6.4)
2∶1	5.5(22.0)	100∶1	2.0(5.5)

注：＊ 括号中为 5′-GMP 的值。

　　在供食用的动物（畜、禽、鱼、贝）肉中，鲜味核苷酸主要是由肌肉中的 ATP 降解而产生的。动物在宰杀死亡后，体内的 ATP 依下列途径降解（图 4–7）。

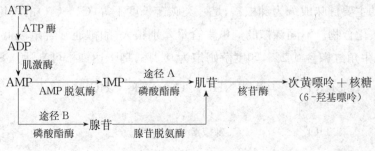

图 4–7　ATP 降解途径

畜、禽、鱼 ATP 的降解经过 A 途径；虾、蟹经由 A 和 B 两种途径；乌贼、章鱼和贝类则经过 B 途径。肉类在屠宰后要经过一段时间"后熟"方能变得美味可口，就是因为 ATP 转变成 $5'$-肌苷酸需要时间，但鱼体完成这一过程所需时间很短。肉类存放时间过长，$5'$-肌苷酸会继续降解为无味的肌苷，最后分解成有苦味的次黄嘌呤，使鲜味降低。

章鱼、乌贼、贝类等软体动物肌肉中缺乏 AMP 脱氨酶，所以虽含有多量的 AMP，却不能形成 IMP，它们的鲜味感来自氨基酸、肽、酰胺及三甲基胺等成分味感的综合。

3）琥珀酸

琥珀酸(丁二酸)，其钠盐有鲜味，在兽、禽、乌贼等动物中均有存在，而以贝类中含量最多。琥珀酸的特点是在食盐存在的情况下，溶解度减小。这就是在烹制贝类的菜肴时，应先使贝类中的琥珀酸慢慢溶解进入汤汁，后期再加入食盐的道理。

(二) 辣味和辣味成分

1. 辣味及辣味的分类

辣味是口腔中味觉、触觉、痛觉、温度觉和鼻腔的嗅觉、三叉神经共同感受到的一种综合感受，它不但刺激舌和口腔的神经，同时也会机械刺激鼻腔，有时甚至对皮肤也产生灼烧感。辣味可以分为无挥发性的热辣、有挥发性的辛辣和刺激辣。刺激辣对身体各处的黏膜都有刺激，如手指、眼睛等。辣味是烹调调味中经常使用的一个味，尤其在中国川菜中更为显著。适当的辣味可以加强食品的感觉，掩盖异味，刺激唾液分泌和消化功能的提高，从而增进食欲。

烹调常用的辣味料都是来自植物，如辣椒、胡椒、葱、姜、蒜、咖喱(用胡椒、姜黄、番椒、茴香、陈皮等的粉末制成的辣味料)、花椒等。人对不同的辣味料所感受的辣味程度强弱不等，现将这些辣味料的辣味强度大小排列如下：

热辣 $\longrightarrow$ 刺鼻辣
辣椒、胡椒、花椒、生姜、蒜、葱、洋葱、芥末

2. 天然食用物质的辣味成分

辣椒的主要辣味成分为辣椒素，是一类碳链长度不等($C_3 \sim C_{11}$)的不饱和单羧酸香草基酰胺化合物。不同辣椒的辣椒素含量差别很大，甜椒通常含量极低，红辣椒约含 0.06%，牛角红椒含 0.2%，印度萨姆椒为 0.3%，乌干达辣椒可高达 0.85%。

$$CH_3O \quad\quad CH-NHC(CH_2)_nCH=CHCH(CH_3)_2$$
$$\overset{\quad}{\underset{HO}{\bigcirc}} \quad\quad \overset{\quad}{\underset{O}{\|}}$$
辣椒素

$n = 3 \sim 6$

胡椒的辣味成分除少量辣椒素外主要是胡椒碱,它是一种酰胺化合物,另外还有少量异胡椒碱。胡椒经光照或贮存后辣味会降低。花椒的主要辣味成分为花椒素,也是酰胺类化合物,此外还有少量异硫氰酸烯丙酯等。

姜的辛辣成分是姜酮和姜脑。

$$CH_2\!-\!CH_2\!-\!\underset{\underset{O}{\parallel}}{C}\!-\!CH_3 \qquad CH_2\!-\!CH_2\!-\!\underset{\underset{O}{\parallel}}{C}\!-\!CH\!=\!CH\!-\!(CH_2)_4\!-\!CH_3$$

$$\text{姜酮} \qquad\qquad\qquad \text{姜脑}$$

蒜的主要辣味成分为蒜素、二烯丙基二硫化物、丙基烯丙基二硫化物三种,其中蒜素的生理活性最大。大葱、洋葱的主要辣味成分则是二丙基二硫化合物、甲基丙基二硫化物等。韭菜中也含有少量上述二硫化物。

$$CH_2\!=\!CHCH_2\!-\!S\!-\!\underset{\underset{O}{\parallel}}{S}\!-\!CH_2CH\!=\!CH_2$$

$$\text{蒜素}$$

$$CH_2\!=\!CHCH_2\!-\!S\!-\!S\!-\!CH_2CH\!=\!CH_2 \qquad CH_3\!-\!S\!-\!S\!-\!C_3H_7$$

$$\text{二烯丙基二硫化物} \qquad\qquad \text{甲基丙基二硫化物}$$

$$CH_2\!=\!CHCH_2\!-\!S\!-\!S\!-\!C_3H_7 \qquad C_3H_7\!-\!S\!-\!S\!-\!C_3H_7$$

$$\text{丙基烯丙基二硫化物} \qquad\qquad \text{二丙基二硫化物}$$

芥末、萝卜中的主要辣味成分为异硫氰酸酯类化合物。其中的异硫氰酸丙酯也叫芥子油,刺激性辣味较为强烈。它们在受热时会水解为异硫氰酸,辣味减弱。

辣椒素、胡椒碱、花椒碱、大蒜素、芥子油等都是双亲性分子,即兼具亲水性和亲油性。其极性头部是定味基,非极性尾部是助味基。辣味随分子尾链的增长而增强,在碳链长度 C9 左右(这里按脂肪酸命名规则编号,实际链长为C8)达到极大值,然后迅速下降,此现象被称作 C9 最辣规律。一般脂肪醇、醛、酮、酸的烃链长度增长也有类似的辣味变化。

(三)涩味

涩味通常是由于单宁或多酚与唾液中的蛋白缔合而产生沉淀或聚集体而引起的,同时能使口腔组织粗糙收缩。例如,柿子等未成熟水果含有较多鞣质会有涩味。极淡的涩味近似苦味,与其他味道掺杂可以产生独特的风味。例如,茶就有给人们美感的适度涩味。

引起涩味的化学成分主要有:鞣质(单宁)、草酸、明矾、高价金属离子和不溶性无机盐。大多数涩味物质都是可溶性的,如菠菜含草酸较多,可经沸水焯之,将其草酸去除一部分。水果等贮存一定时间,通过后熟中的氧化作用,把可溶性的单

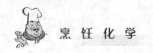

宁氧化聚合为不溶性的单宁,涩味就会消失。

第五节 食品的质构

一、质构概述

（一）质构的概念和含义

质构(texture),也称质感、质地,它包括人体触觉对食品的软、硬、韧、脆、酥等与力学有关的机械性能,以及食品的粗细感、松实感、滞滑感、轻重感、流动感(黏稠感)、湿润感等与食品组织结构(即物料组成及其几何大小、形状、表面特性和体相性质)有关的几何性能和食品表面性能作出的感受和认识。食品质构有如下特点:

（1）质构是由食品成分和组织结构决定的属于机械性或力学性质的一种物理性质;

（2）质构可由食品与口腔、手等人体部位的接触而感觉到,形成感官认识;

（3）质构不是单一性质,而是属于多因素决定的复合性质;

（4）质构与气味、风味等性质无关;

（5）质构的客观测定结果用力、变形和时间的函数来表示。

（二）触觉及质构感的形成

皮肤有各种感受器。通常将触觉、温觉、冷觉和痛觉看作是几种基本的肤觉(见图4-8)。触觉是物体接触、滑动、挤压到皮肤时,压力、牵引力等作用于触感受器而引起机械刺激的总称。狭义的质构含义不包含视觉、温觉、冷觉和痛觉的感受内容,只涉及与触觉有关的内容。

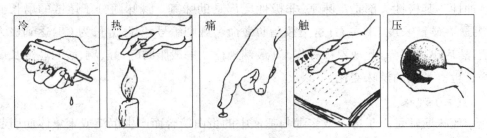

图4-8 皮肤的基本感觉

食品质构的判断,主要靠口腔和手的触觉进行感受。口腔通过咬断、咀嚼、品味、吞咽行为,感到食品软硬、浓稠、酥脆、滞滑感等,会得到一种综合感觉,即"口感"。"口感"包括了食物入口时、入口后、咀嚼前和咀嚼后的四种感觉。手或手指也对食品产生类似的触摸感,即"手感"。"手感"与"口感"不同,例如,肉的"嫩度"、"断筋"、"化渣"等感受实质上是肉的组织体被人体口腔咀嚼时口腔用力大小和用力状况的综合体现,口感能够很明显和准确地分辨肉的嫩度,但手就差些,因为,手对肉的触摸感缺少像口腔咀嚼、牙齿咬合及舌头搅动的动作感受。

口腔前部感觉敏感,这也符合人的生理要求,因为这里是食品进入人体的第一关,需要敏感地判断出食物是否能吃、需不需要咀嚼,这正是口唇、舌尖的基本功能。口腔中部因为承担着用力将食品压碎、嚼烂的任务,所以感觉迟钝一些。口腔后部的软腭、咽喉部的黏膜感觉也比较敏锐,这是因为咀嚼过的食物,在这里是否应该吞咽、是否能被吞咽,要由它们来判断。

多数情况下,对食品质地的判断是通过牙齿咀嚼和肌肉用力过程感知的,特别是食品的软、硬、韧、脆、酥等与力学有关的机械性能及与体积、结构和表面有关的性能,如松实感、滞滑感、轻重感、流动感等,都可以通过口肌用力、牙齿咀嚼而感受到。门齿的感觉非常敏锐,而后面的臼齿要迟钝得多。牙齿表面的珐琅质并没有感觉神经,但牙根周围包着具有很好弹性和伸缩性的齿龈膜,它被镶在牙床骨上。用牙齿咀嚼食品时,感觉是通过齿龈膜中的神经感知。因此,安装假牙的人,由于没有齿龈膜,所以比正常人的牙齿感觉迟钝得多。

口腔和手都能够感受到食品或其组成物料的大小和形状,所以,食品组织的颗粒大小、分布、形状及均匀程度,也是很重要的质构内容。口腔对食品颗粒大小的判断,比用手摸复杂。人口腔识别食品中异物的能力很高。例如,吃饭时,食物中混有毛发、线头、灰尘等很小的异物,往往都能感觉得到。对异物的感知与其浓度和尺寸大小都有一定关系。对不同粗细的条状物料,口腔的识别阈在 $0.2\sim2$ mm之间,门齿附近比较敏感。在考虑颗粒大小的识别阈时,需要从两方面分析:一是口腔可感知颗粒的最小尺寸;二是对不同大小颗粒的分辨能力。研究发现:柔软的、圆的,或者相对较硬的、扁的颗粒,大小到约 $80\ \mu m$,人们都感觉不到有沙粒感,而硬的、有棱角的颗粒在 $11\sim22\ \mu m$ 的大小范围内时,人们也能感觉到口中有沙粒感。

口腔对固体食物的表面会产生光滑感、平凸感,对食品中的液体、半固体状态的油脂也有特定的感觉,分别能够形成"流动感"、"黏稠感"、"黏附感"、"湿润感"、"多汁感"、"油感"和"油腻感"。

有关油脂的口感,其关键是油脂在口腔中的流动性(黏稠度)、融化行为(即固体脂熔化为液态油)和其反水作用(即与水不相溶解而产生的排斥和阻碍水分子的作用)。"油性"是液态油脂形成润滑薄膜的能力,它与油脂的流动性(黏稠度)有关,是形成"油感"的原因,"油腻感"主要是塑性油脂(半固体脂肪)所产生的触觉感受。

食物在被食用时产生的最后感官属性"吞咽感"将决定食物的去留。"吞咽感"主要是一种触觉感受,由食物的组成、结构、状态和几何大小等决定,但其他食品感官性能也将影响它。实践证明,只有在人体口腔内能形成"柔软固体"或"黏稠液体"状态的食品才具有可被人体吞咽的良好品质,这种食品才具有可被人接受的

Peng Ren Hua Xue

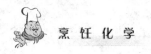

"可吞咽感",也才能说它们真正具有"可食用性",否则食品就"中看不中用"了。

二、质构的分类和描述

质构由食品的物理性质决定,而且这些性质大多可以准确表述、测定和计量,但对质构的分类及感官评价却是一件复杂、困难的事情。按 Szczesniak 分类(表4-21),质构分为机械特性、几何特性和其他特性。机械特性的一次特性由硬度、凝聚性、黏性、弹性、黏着性组成;几何特性由粒子的大小、形状和集合状态组成;其他特性是水分和脂肪含量及状态。

表4-21 食品质构的 Szczesniak 分类

特性	一次特性	二次特性	习惯用术语	标准食品及强度范围(括号数字)
机械特性	硬度 凝结性	酥脆度 咀嚼度 胶黏度	软—韧—硬 酥、脆、嫩 嫩—劲嚼—难嚼 酥松—粉状—糊状—橡胶状	软质干酪(1)—冰糖(9) 玉米松饼(1)—松脆花生糖(7) 黑麦面包(1)—软式面包(7) 面团(40%面粉)(1)—面团(60%面粉)(7)
	黏性 弹性 黏着性		松散,稀—黏稠 可塑性—弹性 发黏的—易黏的	水(1)—炼乳(8) 含水植物油(1)—花生酱(5)
几何特性	物质或粒子的大小和形状 物质的成质特征(粒子排列方向)		粉状、砂状、粗粒状、块状等 纤维状、细胞状、晶体状等	
其他特性	水分含量 脂肪含量	油状 脂状	干、湿润、潮湿、水样 油性 油腻性	

烹饪原料有脆性、嫩性、韧性、硬性、软性等特性,这些特性虽然不是成品质构的必然属性,但在刀工加工、加热烹调时应该有不同的技术要求(见表4-22)。

表4-22 常见原料的质构属性

质构属性	原料举例	加工刀法
脆性	青菜、大白菜、胡萝卜、竹笋	直切、排斩、平刀片、反刀片、滚料切等
嫩性	豆腐、凉粉、蛋白糕	直切、平刀片、抖刀片等
硬性	咸鱼、咸肉、火腿、冰冻肉	锯切、直刀批、跟刀批等

质构属性	原 料 举 例	加 工 刀 法
韧　性	牛肉、鸡肉、腰子、牛肚、鱿鱼	拉切、排斩、拉刀片等
软　性	豆腐干、素鸡、百叶、火腿肠、熟肉、白煮鸡	推切、锯切、滚料切、推刀片等
松散性	面包、面筋、熟羊肚	锯切、排斩、排刀切等

食品质构的各种性质是通过语言表述的，而语言本身受民族的历史和地域文化的影响，因此，很难准确地把握不同国家和不同地区的词语含义。有必要对质构的评价术语进行国际标准化。下面表4-23是通过常见原料来描述质构的一些示例。

表4-23　质构感描述检验常用的材料示例

材　料	由产品引起的对质构感的联想
橙子	多汁
油炸土豆片	脆的，有嘎吱响声
梨	多汁的，颗粒感
结晶糖块	结晶的，硬而粗糙的
栗子泥	面团状的，粉质的
奶油冰淇凌	软的，奶油状的，光滑的
藕粉糊	胶水般的，软的，糊状的，胶状的
胡萝卜	硬的，有嘎吱响声
炖牛肉	明胶状的，弹性的，纤维质的

三、食品的力学性能与质构

（一）液态食品的流变特性

液态食品有真溶液、胶体溶液和乳胶体三类，它们的共同特性就是流动性。这些食品的质构感表现为黏稠感、湿润感，其中黏稠感更与流动性相关，可用黏度来描述。阻碍流体流动的性质称为黏性，黏度是表示流体性大小的指标，是液体流动时分子之间的摩擦力大小的体现。液态食品的黏度有以下几种情形。

1. 牛顿流体

牛顿流体的特征是黏度不随剪切速率的变化而变化。可归属于牛顿流体的食品有：水、糖水溶液、低浓度牛乳、油及其他透明稀溶液等。

2. 非牛顿流体

流体的黏度不是常数，它随剪切速率的变化而变化，这种流体称为非牛顿流

体。非牛顿流体还可以作如下分类。

1）假塑性流体

表观黏度随着剪切应力或剪切速率的增大而减少的流动,称为假塑性流动。随着剪切速率的增加,表观黏度减少,也称为剪切稀化流动。符合假塑性流动规律的流体称为假塑性流体,它具有"愈搅愈稀"的特性。食品中的一些高分子溶液、悬浮液和乳状液,如酱油、菜汤、番茄汁、浓糖水、淀粉糊、苹果酱等多数流体都是假塑性流体。

2）胀塑性流体

胀塑性流体的表观黏度随剪切速率的增大而增大。由于这一特点,胀塑性流动也被称为剪切增稠流动,它具有"愈搅愈稠"的特性。在液态食品中属于胀塑性流体者较少,比较典型的为生淀粉糊、面糊、稀奶油、牛奶和生蛋清。当往淀粉中加水,混合成糊状后缓慢倾斜容器时淀粉糊会像液体样流动。但如果施加更大的剪应力,用力快速搅动淀粉,那么淀粉糊反而变"硬",失去流动性质,若用筷子迅速搅动,其阻力甚至能使筷子折断。

3. 塑性流体

塑性流体具有的特性是:当作用在物质上的剪切应力大于极限值时,物质开始流动,否则,物质就保持即时形状并停止流动。例如挤牙膏时,必须用力达到某一数值,牙膏才会流动。

4. 触变性

所谓触变性是指当液体在振动、搅拌、摇动时黏性减少,流动性增加,但静置一段时间后,又变得不易流动的现象。例如,番茄酱、蛋黄酱等在容器中放置一段时间后倾倒时则不易流动,但将容器猛烈摇动或用力搅拌即可变得容易流动,再长时间放置时又会变得不易流动。糕点装饰料一般都应该具有触变性,这好比油漆和颜料,在刷写时黏度应该小,但刷写后黏度又应该足够大。有触变现象的食品口感比较柔和爽口。

（二）固态与半固态食品的流变特性

固态与半固态食品都具有一定形状,在外力作用下,会发生形状改变——形变。这些食品的质构主要由其形变时的力学特性所决定。

1. 食品的变形

食品的变形过程分为:在弹性极限范围内,力与变形成正比。当达到屈服点时,食品材料的一部分结构单元被破坏,开始屈服并产生流动。超过屈服点后增加应变时应力并不明显增加,这个阶段称为塑性变形。继续增加应变,应力也随之增加,达到一定点时,会发生大规模破坏,此点称为断裂点,它所对应的应力称为断裂极限（或断裂强度）。

食品的断裂形式可以分为脆性断裂和塑性断裂两大类。脆性断裂的特点是屈服点与断裂点一致。巧克力、饼干、花生米、琼脂、香蕉等都具有脆性断裂特性。塑性断裂的特点是试样经过塑性变形后断裂。食品中这种断裂也很多,如面包、面条、米饭、水果、蔬菜等。有些糖果,当缓慢拉伸时产生塑性断裂,急速拉伸时产生脆性断裂。

2. 食品的弹性

物体在外力作用下发生形变,撤去外力后恢复原来状态的性质称为弹性。撤去外力后形变立即完全消失的弹性称为完全弹性。形变超过某一限度时,物体不能完全恢复原来状态,这种限度称为弹性极限。果冻、面团等食品都具有一定的弹性。

3. 食品的黏弹性

许多食品既表现弹性性质,又表现黏性性质。例如,把条状面团的一端固定,另一端用一定载荷拉伸,此时面团如黏稠液体慢慢流动,当去掉载荷时,被拉伸的面团收缩一部分,这种现象称回弹现象,是弹性表现。但面团不能完全恢复原来长度,有永久变形,这是黏性流动表现,所以面团同时表现出类似液体的黏性和类似固体的弹性。这种既有弹性又可以流动的现象称为黏弹性,具有黏弹性的物质称为黏弹性体(或半固态物质)。黏弹性体有应力松弛和蠕变两个重要特性。

应力松弛是指试样瞬时变形后,在变形(应变)不变情况下,试样内部的应力随时间的延长而减少的过程。例如,用力拉伸面团后保持一段时间,其回复的弹力将减小。蠕变和应力松弛相反,蠕变是指把一定大小的力(应力)施加于黏弹性体时,物体的变形(应变)随时间的变化而逐渐增加的现象。例如,用力拉伸面团并保持这个拉力,面团会逐渐拉长。

 本章小结

本章分析了感觉的影响因素和相互作用方式,以感觉的形成机制、感觉特点和食品刺激物质的种类、特点及应用为线索,对食品的色、香、味、型和质等感官属性分别进行了介绍,重点突出了这些感官属性的化学、物理学基础以及在食品和烹饪中的应用。

 练习:单项选择题

1. 对于切好的藕片要防止其褐变,下列不可采用的方法是(   )。
   A. 焯水   B. 酸渍
   C. 冷冻抑制酶   D. 浸泡在水中

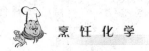

2. 面点制品因加碱过多而变黄,原因是( )。

    A. 黄酮变成查耳酮   B. 查耳酮变成黄酮

    C. 黄酮被氧化   D. 黄酮被分解

3. 鲜肉久煮变黑褐,这是由于其血红素发生什么反应所导致?( )

    A. 血红素铁离子氧化   B. 血红素脱铁

    C. 血红素卟吩环还原   D. 血红素氧合

4. 下列关于葱爆菜肴香气的说法,错误的是( )。

    A. 香气成分可来源于某些热分解反应

    B. 香气成分不可来源于酶反应

    C. 香气成分中一定有硫化物

    D. 有些香气成分是原料中已经存在的

5. 加热肉香成分不可能是下列哪种成分转变而来的?( )

    A. 核酸   B. 萜类

    C. 氨基酸   D. 低级脂肪酸

6. 什么指标能判断一种香气成分在某食品总体香气中所起作用的大小?( )

    A. 该香气成分的浓度

    B. 该香气成分的香气阈值

    C. 该香气成分的香气值

    D. 该香气成分占香气成分总浓度的比值

7. 烹饪中人们常说"盐咸醋才酸",这是味间的什么作用的表现?( )

    A. 转化   B. 对比   C. 相消   D. 相乘

8. 普通味精在强热下鲜味消失是因为生成了何种成分之故?( )

    A. 无水谷氨酸钠   B. 焦性谷氨酸钠

    C. 谷氨酸二钠   D. 谷氨酸一钠

9. 一些肉类后熟后鲜味增加,这与哪个成分的分解有关?( )

    A. ATP   B. $5'-$GMP   C. 肌苷   D. $5'-$肌苷酸

10. 肉的嫩度感主要是由下列哪项决定的?( )

    A. 咀嚼时的用力大小和咀嚼后的固体残渣量

    B. 肉的形态大小和物料形状

    C. 肉的蛋白质含量和水含量

    D. 咀嚼时的用力大小和肉破碎程度

11. 拉面的面团应该具有的品质是( )。

    A. 良好的弹性   B. 良好的塑性

    C. 良好的黏弹性   D. 良好的蠕变性

12. 如果要在食品中添加硬性固体颗粒,其大小不应该超过多少才能防止沙

粒感?（　　）

    A. 6 μm   B. 20 μm   C. 80 μm   D. 200 μm

13. 下列不能增大醋的酸味的方法是（　　）。

    A. 加少量食盐   B. 升高温度

    C. 加谷氨酸一钠   D. 加少量柠檬酸

14. 下列能增加面包香气的方法是（　　）。

    A. 加少量食盐   B. 加砂糖

    C. 低温烘焙   D. 加少量柠檬酸

15. 绿叶蔬菜久煮变黄，这是由于其叶绿素发生什么反应之故?（　　）

    A. 脱镁   B. 水解   C. 氧化   D. 裂解

 应用：与工作相关的作业

1. 怎样烹调加工绿叶蔬菜才可防止其变色?

2. 蛋糕装饰时，其装饰料应该在黏结性、流动性等方面具备什么品质才能满足工艺要求?

3. 分析新鲜肉放置和加热烹调时变色的规律。

4. 为什么烹饪中常用料酒或醋来去鱼腥味?

5. 烹调中有时需要旺火来提高烹调菜肴的温度，你认为这对食品的口味、色泽、质感、营养价值、香味和安全性各有什么影响? 这样做主要是为了改善菜肴的哪个品质?

6. 如果某菜肴的酸味太强，无法接受，请问，可采取哪些方法来改善其味感品质。

7. 食品中的食盐在0.05%可被一般人察觉，多数人能分辨出1.0%的食盐溶液和1.03%的食盐溶液的差别，而且当菜肴中的食盐超过2.5%以上时，大多数人表示难以接受。同样，食品中的蔗糖在0.15%可被一般人察觉，多数人能分辨出5.0%的蔗糖溶液和5.6%的蔗糖溶液的差别，而且当菜肴中的蔗糖超过25%以上时，大多数人仍然表示可以接受。请从以上资料分析食盐的咸味和蔗糖的甜味的呈味特点。

8. 解释下列现象：

(1) 腊肉、红肠等食品加热时其颜色几乎不变，而新鲜肉加热时容易变色；

(2) 土豆切碎后容易变色，但煮熟后制作的土豆泥不变色；

(3) 发酵食品原料如豆瓣酱加热的香气比不发酵食品的香气丰富、浓烈；

(4) 制汤时，要选择多种原料，而且需要长时间加热；

(5) 葱花、胡椒粉、花椒面一般是在烹调后加入，而生姜、干辣椒、花椒粒、八

角、桂皮等在烹调前期就要加入锅中；

（6）烹饪中常把大蒜做成蒜泥来调味；

（7）凉拌苦瓜应该增大调味料的用量。

案例分析

干煸牛肉丝

　　干煸牛肉丝的烹调有以下步骤：……六成热油，放入牛肉丝、盐，煸至水分将干、油出，加入豆瓣酱，中火炒香至油呈红色；加入姜丝、料酒、酱油炒匀，再加入芹菜段炒至断生喷香……请分析这些过程中香气产生的方式，以及相应的工艺条件和关键技术点。

第五章 食品烹调加工的原理

学习目标

1. 掌握生鲜原料加热熟制、面团制作和肉类烹调加热的有关方法及其原理。

2. 熟悉烹饪脱水、干料涨发的有关原理和淀粉在烹调中的应用。

3. 了解肉的后熟、熬糖、制汤、膨化等工艺的相关原理。

4. 了解食品腐败变质和食品发酵的生物学机制；了解蛋白酶在烹饪中的应用。

导入案例

"生食革命"的陷阱

近年来，一位经济学博士先后抛出了"烹调的八大代价"、"生食的七大奇迹"等怪论，形成了风靡网络和街巷的"生食革命"风潮。他说："我首倡的露卡素有机生活，包括低碳食物、低碳烹调和低碳生活（'三低'）；其最高境界是：'零糖、零烹调、零化学、零抱怨'（'四零'）；实现方式是'无糖低碳、补充营养、有机生食、平衡氮氧、随遇而安'（'五原则'）……"

"生吃还是熟吃？你母亲和医生都会告诉你：'熟吃，因为加热可以消毒灭菌，帮助消化。'但是，他们不知道：烹调有八大代价，现代人类是唯一依靠熟食的动物，我们的祖先过去……也就是说，人类过去在99%的时间里生吃，只有不到1%的时间开始熟吃。人类学家发现：自从农业技术和烹调技术出现后，人体开始退化！与旧石器时代人相比，我们现在的头颅、面部和牙齿缩小了30%左右，大脑缩小11%以上。"

由此，该博士宣称的现代烹调八大代价分别是：

Peng Ren Hua Xue

第一，烹调加热破坏营养素，包括维生素、蛋白质、脂肪、活性酶和菌类等。例如，50％维生素 E、70％维生素 C 和 90％叶酸在加热时分解，蛋白质在高温中结构歪曲，不饱和脂肪在高温环境被氧化，酶和菌在加热后破坏。实验表明：加热至 60摄氏度可以破坏所有酶；喂生食和鲜奶的猫健康，吃熟食或喝消毒牛奶的猫会得病，生的小猫也会有先天缺陷。

第二，烹调加热产生毒素，包括自由基、丙烯酰胺、合成化合物等。例如，油炸产生自由基；油炸淀粉类食品产生致癌物丙烯酰胺；高温处理含有化肥农药等化学残留物的食物，可以合成新的有害化合物。

第三，烹调食品削弱免疫系统。科学家发现：人吃熟食时，血中和肠道白细胞立刻增加，而吃生食时白细胞没有变化。与常识相反，我们的免疫系统熟悉生食，视熟食为入侵者，并出兵阻击。长期大量熟食会使免疫系统兵穷弹尽，顾此失彼，轻则频繁感冒、呼吸道感染和皮肤过敏，重则发生甲六、1 型糖尿病甚至癌症……

第四，烹调食品增加代谢负担。与常识相反，生食充满营养素、消化酶和"太阳能"，更容易被消化。熟食中缺乏消化酶和代谢营养素，难以被人体吸收，没有代谢掉的残留物在体内形成毒素污染血液，可以导致代谢综合征，例如肥胖、"三高"和2 型糖尿病。

第五，烹调破坏原质原味。对于习惯生食的人，生食如青草，熟食如干草。如果说生食犹如吃青草般鲜嫩爽滑，那么熟食就如同嚼干草般艰涩难咽。

第六，烹调浪费时间。

第七，烹调浪费燃料。

第八，烹调浪费调料。

该博士的论点是否正确？实际上，仅从宣传该观点的网页上充满了推销减肥药品和所谓保健品广告，就可以窥见其用心。那种披着"低碳"外衣，要人们回到旧石器时代的反现代文明的伪科学谬论充满了科学基本常识的错误，缺乏真实实验数据的支持，满篇尽是时髦术语和文学煽情的言语。诚然，烹饪中可能会产生诸如营养素破坏和流失、衍生有害物质等问题，但是如果人类不学会加工食物和食用烹调食物，人类永远都停留在原始阶段。可见，学习好烹饪化学，做到科学烹调有多么重要。

 课前思考题

到有关厨房去调查：烹调菜肴的过程、使用的方法和技术关键点；特别注意烹调前后食品的差异。

第一节　烹调加工及其物质变化

一、烹调加工的概念和方法

（一）烹调加工的概念

烹饪是指为满足人体的需要,把食物原料用一定方法加工成餐桌食品的行为。烹调主要指具体的烹饪技术和方法,包含制作、加工食品的操作过程、步骤。它有两个主要内容:一个是烹;另一个是调。一般认为,烹是通过加热的方法将烹调原料制成菜肴;调就是通过调制,使菜肴滋味可口,色泽诱人,形态美观。从现代食品科学观念来看,烹调加工的目的是使食品具有能被人们接受的"可食用性"。食品加工和传统烹饪可运用各种方法,对生坯原料进行加工,使原料转变为能直接被人食用的状态,这种加工过程叫熟制加工,这种状态的食物就称为"熟食"。"熟"的关键是原料是否可转化为能被人体接受的状态,以及可被接受的程度,即具有能被人们接受的"可食用性"。因此,凡是能够增加食品"可食用性"的行为都可理解为广义的"烹",而不应该仅仅局限为加热。另外一方面,"调"也应当是一个广义的概念,它实质上包括通过调色、调味、调香、调质、调型,以及营养搭配来增大食品的"可食用性"。

传统烹调加工与工业化食品加工的目的都是为了改善食品的安全性、营养性和感官性。但两者还是有很多方面的区别,其中最主要的区别是:

第一,烹调加工主要依赖手工操作。在烹调过程中,人的因素对烹调结果有很大的影响。因此,烹调操作容易被神秘化,也由此成为中国烹饪难以标准化和规范化的所谓"借口"。而食品工业化加工主要依赖设备和工具。

第二,传统烹调加工注重即食性而不是保存性。烹调的食品不能够长期保存,超过一定时间,微生物会重新污染食品导致其不可食用。烹调菜肴的色、香、味、型、质等能够满足人体食用的要求,但这些感官品质均容易变化,所以,菜肴最佳可食用的时间一般不会超过两餐之间的时间段,因此烹调食品应作为餐桌食品,主要在家庭即时自用或在餐厅饭店销售,而工业化食品加工更注重食品的保存性。

（二）烹调加热熟制食品的目的和原则

1. 烹调加热熟制食品的目的

农副产品作为原料,多数不能直接食用,这是由其安全、营养和感官可接受性决定的。食品的"生"与"熟",本质上就是以上三个方面是否具有可接受性。传统烹调中特别把感官可接受性(美食性)作为了"生"与"熟"的标准,因为,食品的安全

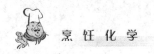

性、营养性是不能通过感受而认识的。但是，仅仅以感官可接受性作为生熟的标准是不全面和不可靠的，应该把安全性放在首位。具体讲，加热烹调的主要目的包括以下几方面。

1）确保安全性

食品，特别是食品原料，可能含有一些天然有毒成分，也可能受到各种外来物质的污染，对人体健康构成危害。这些危害物按性质大致可分为：

（1）生物性危害，包括外源性的细菌、真菌、病毒、寄生虫等，也包括原料本身的酶、抗原性和致敏性物质等；

（2）化学性危害，包括内源性有毒化学物、外源性污染物（如农药、兽药、重金属、环境或加工中的化学致癌物等）；

（3）物理性危害，各种放射性物质以及食品中可导致疾病和伤害的机械性物质（如原料中的角质、木质、纤维、毛、骨，以及外来的泥土、石块等）。

这些危害因素中，许多都可通过一定的烹调加工方法处理除去，如食品中的机械性物质可以通过清洗、分级等处理掉，微生物、寄生虫、酶、抗原性和致敏性物质等生物性危害可以通过加热处理。

有一种观点很流行，认为烹调会造成食物进一步"污染"，实际上，不正确的烹调加工的确会造成食物进一步污染，而合理、恰当的烹调加工，不但不会导致食物进一步"污染"，反而会提高食品的安全性。因为，在适当的烹调加工中，食品成分发生的变化主要是分子间作用力改变的结果，即主要是物理性或物理化学性变化，而不是化学反应为主。那些认为蛋白质变性、淀粉糊化和油脂乳化就会导致有害成分形成的观点是荒谬的。而且，即使食品成分发生了一定的化学反应，如引起食品色泽、香气变化的羰氨反应等，它们也并非就一定带来更多的有害物质。例如，焦糖化产生的物质具有还原性，能够提高食品的抗氧作用，对人体也有益。当然，烹调不可能消除食品中的所有危害，特别是传统烹调总体上不能消除原料原有的化学性或放射性危害。不过，但这类危害本应该在农业和农副产品加工业中来避免和降低，这也正是绿色农业和环境保护的目的。

2）确保食物的营养性

加热不可避免会造成营养素的损失。但包括淀粉、蛋白质等食品中的主要成分如果不加热到一定温度，使其发生相应变化，人体是无法消化吸收它们的；相反，恰当的烹调加热并不会破坏这些宏量营养素，反而提高其营养价值。还有，维生素、无机盐等营养素通过适当的加热能够使它们从结合态转变为游离态，从而提高它们的生物利用率。

3）提高可食用性

加热是改善食品感官属性、增强食品美感的重要手段之一。菜肴的色泽、风味、质构的改善和变化都与加热有关。烹调中的上色、增香、固型、致嫩等都是加热时发生的各种理化反应的结果。

2. 加热熟制食品的原则

加热烹调熟制食品的原则应该是在保障安全卫生的基础上采用尽量能够减少营养素损失而又能够改善原料的食用性能的烹调方法。单从营养方面看，只要安全卫生能保证，制熟食品原料的烹调温度越低越好。但为了兼顾安全性、营养性和感官性，在实际加热烹调中应该注意以下几点。

第一，控制好加热温度和时间，掌握好原料熟制的程度。例如，对于含胶原少的动物性原料和含纤维少的植物性原料，应该使用加热时间较短的一些烹调方法。如焯、涮、炒、熘等"急火快烹"，使原料迅速成熟，缩短加热时间，以保证菜肴的嫩度和防止营养素的损失。

第二，利用适当的方法保护或突出食品性能的某些方面。例如，适宜的上浆、挂糊可保护原料中的水分、水溶性成分及脂肪不外溢，保持原料的质构、风味；而且原料内部温度不太高，也利于保护营养素。

第三，不使用能破坏食品性能的任何物质和方法。烹调时，要考虑加工中添加的酸、碱、氧化还原剂、盐、食品添加剂等成分对食品各种性能的影响，特别是营养卫生方面的影响。例如，使用未加热的自来水浸泡原料，使用反复加热的油脂，过早地加盐，原料长时间地腌制和码味，烹调中加碱、漂白剂（亚硫酸盐等）、发色剂（亚硝酸盐）等都不利于保护原料的营养，而适当地加醋、加一些香料及通过合理配菜却能够保护原料的营养素。

（三）烹调加工的方法

烹调加工是由操作条件（方法或手段）、对象、程序（时序）和效应（目的或结果）等要素构成的。操作条件或操作方法可分为热处理、溶剂处理、机械处理等；操作对象可分为原料、半成品和成品；操作效应和目的可分为制熟、赋型、保存、感观处理（调味、调香、调色、调质）等。例如，烹调淋油就是在菜肴勾芡后（程序或时序），淋入适量油脂（方法或手段）使菜肴（对象）产生"明油"或"明油亮芡"效果（目的或结果）的一种烹调方法，其基本原理在于油脂和水的互不相溶。不同的烹调加工方法就是在这四方面有所差异。

烹调原料操作包括选料、配料、清洗、分级。半成品单元操作（初加工）主要是利用机械力或溶剂来改进原料的几何形状、大小、材料表面性能，对原料进行一定程度的赋型处理、感观处理，如原料生加工、半熟加工、成型加工。烹调中的刀工、食品雕刻、原料涨发、码味、勾芡也可以包括在其中。成品单元操作（深加工、熟加工）包括感观处理（色香味）、质地赋型处理、熟制处理。

加热熟制食品常用的传热介质一般是液态水、水蒸气和油脂，热空气、盐、沙子等传热介质也可用。为了可操作性、方便性及最终成品（菜肴）品质的均匀、稳定等多方面原因，烹调操作时，熟制食品按工艺时段和目的分为预熟处理、熟处理等

类型。

其中,预熟处理主要是得到半成品,往往只烹不调,其烹调方法也比较单一,常用的有焯水(水预熟)、汽蒸(蒸汽预熟)、过油(油预熟)、走红(调色预熟)四大类。熟处理是为了得到菜肴成品,既烹又调,加热过程比较复杂,加热方法多样,如烤、煮、蒸、炸、煎、炒等基本加热技法及各种变化和复合的加热技法。

每一种操作方法都有其科学原理。例如,焯水是将固体物料在水中短暂加热的一种方法。水为传热介质和溶剂,原料中水溶性异味成分能更好溶于热水,不良气味成分在升温后也容易挥发逸去。冷水下料的焯水适用于体大、腥味重的动植物原料,因为缓慢加热,可以有更多渗透和扩散时间使原料内部的异味成分充分溶出;沸水下料为快速加热,原料蛋白质在短时间内变性凝固。对于动物性原料,沸水投料可保持嫩度,去掉腥膻气味。对于植物性原料,焯水可以排除空气、钝化酶、防止酶褐变、保持鲜艳的色泽,因为抗热性较强的氧化还原酶在温度 75℃ 左右,短时间内会失去活性。焯水后,果蔬体积适度缩小,组织变得适度柔韧。对于苦涩味、辛辣味或其他异味重的原料,经过焯水处理可适度减轻,有时还可以除去一部分黏性物质、可溶性含氮物质,提高制品的品质。

同样的烹调操作在不同菜肴或烹调工艺中可以变化。例如表 5-1 中,焯水可以是原料加工方法,也可以是成品烹调加工方法。

表 5-1 焯水方法的比较

项　目	条件和方法	对　　象	时　间	结　果
绿色蔬菜焯水	水中短时间加热	绿色蔬菜	原料鲜活阶段	绿色稳定,成品
土豆焯水	水中短时间加热	土豆等各类浅色食品原料	原料鲜活阶段	防止褐变,半成品
鲜肉焯水	水中短时间加热	鲜肉	原料鲜活阶段	除去血污,半成品

二、烹调加工中物质变化的类型

根据不同的分类方法,烹调中的物质变化类型可归纳如下。

(一)按物质变化的基本方式

烹调中的物质变化及食品品质变化不管有多么复杂多样,都可以归结为物理变化和化学变化。其中,物理变化是食品成分在含量、空间分布或存在方式、状态方面的变化。物理变化时,化学键没有断裂,只是微观水平上分子间的作用力、宏观水平上构成物体的各部分的机械力发生变化,引起物质或物体的状态和性质改变,物理变化中没有生成其他新物质。食品中的物理变化非常多,例如,溶液的结晶、沉淀现象,油和水的乳化、破乳现象等均是物理变化。

食品成分在含量、空间分布的变化主要是迁移作用导致成分含量的增减、分布均匀程度的改变。例如,在加热、盐渍、淘洗、搅拌、切割、挤压等作用下,食物物料失去其完整性,食品成分通过扩散、渗透或溶解于水、液体脂肪中,并因物料散落、液体流动等发生迁移。有些成分也可以从环境或其他物体迁移到食品或菜肴的组成物料中,使含量增大。某些成分的富集可能导致食品污染、变色或劣变。食品中的水、油脂及其他一些挥发性成分还可以通过挥发,或食品吸收气体成分,导致食品的性能发生变化。例如,水的挥发导致食品解湿,气味成分的挥发和吸附导致食品串味。

食品成分在状态方面的变化包括常见的固体、液体和气体之间的变化。其主要特点是:第一,物态变化与温度有关;第二,固—液之间的变化主要影响食品的质构性能及流动性;固—气和液—气之间的变化主要影响食品的风味性;第三,食品的主要成分中,水、脂肪能够以三态存在,气态成分在含量上较少。另外,食品作为混合物,其成分在状态方面的变化还包括食品中各种分散体系内、体系间的复杂变化。例如,溶胶与凝胶、溶胀与离浆、吸湿与解湿、乳化与破乳、起泡与消泡等。最后,食品的物理变化还包括了宏观物体或物料的机械性、几何性能的改变。如固体物料的断裂、粉碎、形变、黏结、分散,液体物料的流动、黏附等现象。

食品中的化学变化(化学反应)是物质成分在性质上的变化,化学变化会产生出新物质。从食品安全性看,应该避免这种情况出现。但从色泽、香气方面看,烹调中可以适当利用一些化学反应。由于一些物理变化涉及大分子空间结构的次级键或分子间的复杂氢键变化,有时也把这些变化归为物理化学变化。例如,淀粉糊化、蛋白质变性现象是其次级键改变引起的高分子物质的空间结构的改变,从而改变其宏观状态和性质及功能的一种物理化学变化。

（二）按物质变化的条件或原因分类

因为食品介于生物物质和非生物物质之间,可以将引起食品物理和化学变化的条件或原因归结为生物性变化和非生物性变化。

1. 食品生物性变化

食品生物性变化是指在温和的环境条件下,仅靠酶的催化作用或组织细胞的生命代谢作用使食品发生的物质变化。因为食品大多来源于生物体,其组织中的酶、组织活细胞或微生物将导致食品发生生物性变化。例如,烹饪原料用料酒码味、腌渍时,料酒中的酶及乙醇能使原料自身的酶被激活,加速不利成分的分解,并产生一些特殊成分,这些成分在后期的烹制时又能进一步衍生出风味成分、色素等物质,所以码味、腌渍或发酵后的原料,经过加热,更容易烹调出色香味俱佳的

菜肴。

1）烹饪加工中的酶反应

酶是由生物体活细胞产生的,在细胞内、外均能起催化作用的一种功能蛋白质。生物体内一切代谢反应都是由酶来催化完成的。

食品及烹饪加工中重要的酶主要是水解酶类和氧化还原酶类。其中水解酶常见的有淀粉酶、果胶酶、蛋白酶和脂肪酶等。有关食品及烹饪加工中常见酶及其应用和影响可参见表5-2。

表5-2 烹饪加工中常见的酶

酶	底 物	产 物	应 用 或 影 响
α-淀粉酶	淀粉、糖原	糊精、麦芽寡糖、葡萄糖	淀粉类食品的液化、糊精化、糖化
β-淀粉酶		麦芽糖、β-界限糊精	淀粉类食品的糖化
木瓜蛋白酶	蛋白质、多肽、酰胺	低分子肽	嫩肉、提高肉类抗冻性、制备风味复合物、改善烘烤品性能等
无花果蛋白酶			
菠萝蛋白酶			
组织蛋白酶	蛋白质	低分子肽	组织自溶、肉后熟、嫩肉
胃蛋白酶	蛋白质	肽	消化食物、嫩肉
胰蛋白酶	蛋白质、肽	低分子肽	
胰糜蛋白酶	蛋白质	肽	
凝乳酶	酪蛋白	肽	生产凝乳
弹性蛋白酶	弹性蛋白	肽	消化食物、软化食物
果胶酶	果胶物质	脱甲基产物、低分子产物	植物组织软疡、澄清果汁
脂肪酶	三酰甘油	脂肪酸、一或二酰甘油	酸败、风味形成
多酚氧化酶	多酚	醌及聚合物	酶促褐变
脂肪氧化酶	不饱和脂肪酸	氢过氧化物	脂肪氧化酸败

蛋白酶具有使肉类嫩化、改善食品蛋白质胶体性质等作用。蛋白酶催化水解蛋白质肽链中的肽键,使蛋白质成为多肽或氨基酸。例如,用蛋白酶使肽键断裂来降低面筋强度,可制作酥性面点如饼干或塑性面点如蛋糕等。

木瓜蛋白酶、菠萝蛋白酶和无花果蛋白酶是常见的植物性蛋白酶。从番木瓜胶乳中可得到木瓜蛋白酶,在pH 5时具有良好的稳定性。与其他蛋白酶相比,木瓜蛋白酶具有较高的热稳定性。菠萝汁中含有很强的蛋白酶,从果汁或粉碎的茎中可以提取得到。另外,烹饪常用的生姜中也含有生姜蛋白酶,它在原料(特别是肉类原料)腌制、码味中对肉的嫩度和风味会产生影响。三种植物蛋白酶对肉类组织的作用关系,见表5-3。

表5-3　三种植物蛋白酶对肉类组织的致嫩作用

酶	肌肉纤维	结缔组织	
		弹性纤维	胶原纤维
木瓜蛋白酶	++	+	++
菠萝蛋白酶	(+)	+++	+
无花果蛋白酶	+++	+++	++++

适合于肉类嫩化的蛋白酶应具有较高的耐热性,这是因为嫩化作用主要发生在当肉类被烧煮,温度逐渐升高,而酶还没有完全失活这个阶段。烧煮的高温能导致肉类结缔组织中胶原蛋白和弹性蛋白变性,而蛋白酶较易作用于变性的蛋白质。所以,肉类嫩化中使用最多的蛋白酶是木瓜蛋白酶。方法是将粉末状酶制剂均匀撒在肉块上,或者将肉块置于液态嫩化剂中浸较短时间;也可在牧畜屠宰前5～10分钟注射蛋白酶,通过血管分布于全身,在其死后产生嫩化作用;此外,在动物屠宰后僵硬前,采取强制多针头注射酶液,使酶主要分布在肌肉部分而不是内脏中。

2) 食品发酵和腐败

引起食品发生变化的代谢作用中有微生物代谢导致的食品发酵和食品腐败现象。其中,糖发酵的实质就是糖的无氧降解。如图5-1所示,烹饪中常用的醋、酱油、豆瓣酱、泡酸菜、腌制品,就是这样由微生物发酵产生的结果。

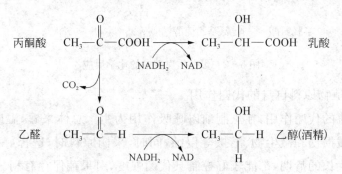

图5-1　乳酸发酵和酒精发酵

酵母菌既可在有氧条件下进行正常的呼吸作用,又能在无氧条件下进行无氧代谢,即发酵,前者产生 CO_2 和 H_2O,后者产生乙醇、CO_2 等产物。面团发酵就是利用酵母菌在有氧条件下进行正常的呼吸作用产生的 CO_2 气体使面团膨松起来的。当酵母品种纯时,所产生的酸很少,但当品种不纯(有其他杂菌时),可能产生出许多酸性物质,这是不好的结果,往往需用碱来中和(注意,加碱过多会导致发黄)。

例如,老面(又称老肥、面肥、老酵头等)发酵是一种比较原始的发酵方法,它是靠来自空气中的野生酵母和各种杂菌(乳酸杆菌、醋酸杆菌等)来进行发酵作用使面团膨胀。

食品腐败也是微生物代谢的结果。表现为糖水解、氧化,脂肪水解、氧化、酸败,蛋白质水解,氨基酸分解。微生物通过脱羧作用把 α-氨基酸分解为相应的胺类化合物。例如,图5-2中列举的氨基酸分解产物有许多会产生恶臭气味,导致食品发臭变色,这就是蛋白质的腐败作用。同时,这些腐败产物,如组氨酸生成的组胺、酪氨酸生成的酪胺等具有生理作用,会对食品的安全性产生很大影响。

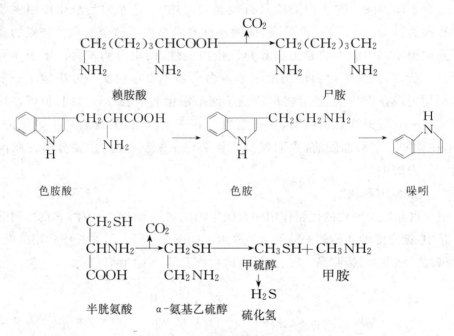

图5-2　蛋白质腐败中的化学反应

3) 鲜活植物原料自身的代谢作用

鲜活果蔬的代谢作用,在烹制前以呼吸作用为主。总体来看,温度低,CO_2 多,组织不被机械损伤和微生物、昆虫等侵蚀,同时,采摘原料时,选择好适当的时机、掌握好植物生长的龄期,都能较好控制其代谢强度,对果蔬保存有利。

受伤的蔬菜呼吸强度明显增强,这是因为损伤增加了氧的透入性,以及伤口周围的细胞进行着旺盛的生长和分裂,形成愈合组织,以保护其他未受伤的部分免受损害。其中酶促褐变会导致原料色泽变化,对品质不利。另外,蔬菜受伤后,从伤口流出含有糖、维生素和蛋白质等的汁液,是微生物生长的良好条件,微生物大量繁殖,蔬菜易于腐烂。所以,烹调中鲜活果蔬加工要做到:时间短,尽量减少加工环节和及时食用。

4）食品动物屠宰后的代谢作用和后熟现象

动物屠宰后,肌肉为松弛状态,其持水力高、质地柔软。这是尸僵前期阶段。温血动物能保持这种状态 8～12 h,而冷血的鱼类不超过 7 h。所以鱼类在烹饪时最好活宰。尸僵前期的动物肉作为原料直接加热烹制,从持水力、质感等方面来看,都具较好品质,不过其风味稍差,如肉汤的鲜美味不足。若继续存放,动物身体组织会强直、僵硬,此时肉质老、持水力低,这就是尸僵期阶段,若用来烹制,无肉香气味,且不易软化,口感粗糙。这个阶段可持续 5～20 h,一般哺乳动物死亡后 8～12 h 开始僵化,15～20 h 后终止。鱼类死后僵化开始于死后 1～7 h,持续时间为 5～20 h,依鱼品种不同而差别很大。

当时间更长,动物胴体会进入尸僵后期。此时,组织持水力又上升,恢复到软和状态,这种现象叫尸僵解除。尸僵解除后的肉品质在多方面达到最佳状态,此时肉的嫩度、持水力、风味及营养卫生都最理想,所以称之为肉的后熟作用。后熟肉的表面有薄膜,切开有肉汁流出,组织柔软有弹性,肉呈酸性反应,具有肉的特殊香味。此时用来烹制,可明显看出与未成熟肉的区别,如口感、嫩度上的区别,肉香味的不同,肉汤的风味尤为明显。成熟肉具特异的肉味和香气,而且汤透明不混浊,而未成熟肉则不具这些特征。

成熟肉嫩度高的原因是尸僵后期随着组织 pH 下降,细胞中的溶酶体会崩解,释放出各种水解酶,对组织中的结缔组织蛋白、对胞浆中的蛋白和对肌纤维蛋白的不同水解,使蛋白质持水力上升,原有的强直僵硬结构被破坏,部分细胞自溶。同时肌肉中的钠、钾、钙、镁等离子的移动造成蛋白质分子电荷增加,从而有助于水合离子的形成,最后使僵硬解除。

后熟肉在风味上较佳的原因也是因部分蛋白质成分被组织蛋白酶水解成小分子水溶性物质,这些水溶性肽及氨基酸等非蛋白氮增加,使肉的风味提高,并且这些成分又可在加热时进一步反应生成更多的风味成分。后熟肉在鲜味方面突出还有一个重要的原因,就是 ATP 水解生成鲜味物质 IMP(肌苷酸)。

2. 食品非生物性变化

食品非生物性变化就是指食品在较剧烈条件下发生的各种理化变化,它与酶和生物体的代谢无关。包括加工性食品中的大多数物理、化学变化属于非生物性变化。特别是烹调加热制作各种菜肴美食时,可发生蛋白质变性、淀粉糊化、油脂的乳化和自动氧化、美拉德反应、焦糖化作用等变化,从而产生出菜肴的色香味成分。

食品和菜肴的物质变化往往同时是生物性和非生物性的,这在对新鲜食品原料的快速加工成菜中表现明显。例如,快炒葱、蒜类原料,可得到葱蒜特有的风味,这是因为:快炒的时间短,原料内部的温度并不高,其能催化产生风味成分的酶还没有失去活性。同时,原料外部的温度较高,一方面可使组织内

部破坏,有利于酶反应;另一方面又能发生一些非酶化学反应,产生出更多的风味成分来。

（三）按对食品质量的影响

烹调加工中食品成分发生的物理变化或化学变化,可能对食品品质有积极作用,也可能有消极影响。特别要注意,物质变化和食品品质改变是不同的概念,前者是原因,后者是结果;前者是分子水平,后者是宏观水平;前者无所谓的优劣,后者则有好坏之分。例如,"增香"是食品性能层面上的变化,而"增香反应"是物质层面的变化。脂肪氧化导致鱼腥风味形成或奶酪风味形成,因此是"增香反应";但在食用油脂储存时,它导致酸败,因此它就不是"增香反应",而是"酸败"反应。

一种物质变化可能产生多种食品性能的改变,例如,淀粉糊化,既可改变淀粉的溶解性、黏稠性,从而影响口感,还可以改变其营养性和消化性。同样的物质变化在不同的食品中效果也不一样,例如,酚类的氧化,在有些食品中会产生褐变(如香蕉),在另一些食品中会产生风味(如果酒)。食品性能某方面的改变,可能是一种,也可能是多种物质变化的结果,例如,烹饪中"奶汤"的形成过程发生了可溶蛋白的变性和凝固、脂肪的融化和流动、油和水的乳化、脂肪球聚集和吸附等多种变化。

三、烹调加工中的物质变化

（一）总况

烹调中食品成分发生的物理变化、化学变化和生物化学变化最终导致形成菜肴的色、香、味、型、质等品质,这就是烹调的科学基础和加工原理。这些反应前面介绍了很多,现总结于表5-4中。

表5-4 加工中重要的物理、化学和生物化学变化及对食品属性的影响

成分	变化或产物	主要条件	加工中发生环节或举例	影响				
				营养性	安全性	感官性		
						色泽	风味	质构
蛋白质	变性生成变性蛋白	加热、强酸或强碱	各种加热制熟加工,如煮饭、炒菜	++	++	+或×	+	++或×
	水解生成胨、肽和氨基酸	酸、酶	长时间加热食品,如炖菜	+	+	0	++	++或×
	分子交联	热、氧、碱	高温加热,如烤肉	×	×	0或×	0	++或×

成分	变化或产物	主要条件	加工中发生环节或举例	营养性	安全性	色泽	风味	质构
氨基酸	异构化	热、强碱	碱处理,如碱发干货	××	×	0	0	0
	裂解	强热、强碱	高温加热,炸、烤	××	×	0	+或×	×
	环化等转化	高温加热	烧焦食品	××	××	0或×	×	×
	碱劣化	碱	如粮食中加碱	××	××	0或×	××	×
	微生物腐败	细菌、霉菌	食物变馊臭	×	××	0或×	××	0或×
脂肪	乳化与破乳化	水、乳化剂	广泛存在	+	0	+或×	+×	+×
	水解	酸、碱、酶	广泛存在	+或×	×	0或×	××	×
	自动氧化	光、氧	广泛存在	××	××	××	××	××
	热化学反应	高温	炸、爆、烤制品	××	××	××	+或××	××
淀粉	糊化	加热、水	制熟加工,如煮饭	++	+	0	+	++或×
	老化	低温	熟食贮存	×	0或×	0	0	××或+
	水解和发酵	热、酶、酸	长时加热,如粥	+	+	0	0	+或×
果胶	水解和胶凝	酶	果蔬软烂、果冻	0或+	0	0	0	++或×
寡糖	焦糖化、糖色	热或强热	制糖色工艺	0或×	0或×	++	++	+或×
	蔗糖水解	酶、酸	转化糖	+	0	0	+	+或×
	糖精酸	加热、强碱	碱处理糖	×	×	0	×	0
糖苷	水解	酶、加热	植物如甘蓝硫苷分解	0或+	++	+或×	+或×	0

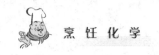
（续表）

成分	变化或产物	主要条件	加工中发生环节或举例	影　响				
				营养性	安全性	感官性		
						色泽	风味	质构
维生素	各种反应	许多因素	广泛存在	××	×	＋或×	＋或×	0
无机盐	流失	加热、水	广泛存在	×	0	0	＋或×	＋或×
氨基酸＋糖	羰氨反应产生类黑精等	加热、碱	广泛存在，可以在非加热下发生	××	×	＋＋或×	＋＋或×	＋或×
水	物理变化、参与水解反应	加热或降温	广泛存在	＋	＋	＋或×	＋或×	＋＋或××

注：＋积极作用；×消极作用；0无作用。

（二）烹调加热熟制食品的原理

烹调加热致熟食品的原理是：热对微生物的致死作用和食品常见成分加热发生物质变化，从而在安全、营养和感官方面使食品达到可食用状态。

1. 加热对微生物的热致死

微生物生长繁殖需要在适宜的环境中，其中，水分、温度、pH 等是关键因素。加热可以杀菌，但要完全杀灭所有微生物及其孢子需要很长时间，这对食品的感官属性是不宜的，而且烹调食物作为即时性食物也不需要这样做。因此，烹调加热的温度和时间应该既要兼顾到对微生物的杀灭要求，又要兼顾到原料的其他品质要求。原则上，烹调加热后食物的"冷点"（食品受热时温度上升最慢的几何点）应该达到 75℃。

微生物对热的敏感性常受各种因素的影响，如微生物种类、数量、环境条件（酸度、水分）等。对大多数芽孢杆菌来说，在中性范围内耐热性最强，pH 低于 5 时细菌芽孢耐热性最低，此时耐热性的强弱受其他因素控制。因此，人们在加工一些蔬菜和汤类时常常添加酸，适当提高酸度，以降低杀菌温度和时间。

温度高低对微生物有至关重要的影响。食品科学上把 4.4～60℃的温度区叫做危险区或细菌生长区，其中 4.4～16℃时，细菌生长很慢；16～37℃时，细菌迅速生长并分泌毒素；到 49℃时细菌生长趋于停止；超过 60℃时细菌可存活，但不生长；在 60～130℃之间，大约在 74℃时细菌会被杀灭，但仍有部分存活；到达水的沸点（100℃）时，几乎所有的细菌都被杀死。如果在 100～116℃之间继续沸腾 20 分钟，则可破坏一些生物毒素和病毒，但耐热的肉毒杆菌，要到 127℃才能全部杀死。一般微生物的生长温度与热致死条件可参见表 5－5。

表 5-5 一般微生物的生长温度与热致死条件

种类		生长温度/℃		热致死条件	
		最 适	界 限	温度/℃	时间/min
细菌	营养细胞	35～40	5～45	63	30
	芽孢			>100	
酵母菌	营养细胞	27～28	10～35	55～65	2～3
	孢子			60	10～15
霉菌	菌丝	25～30	15～37	60	5～10
	孢子			65～70	5～10

2. 加热对食品常见成分的影响

所有的食品成分都随温度升高而稳定性降低。据研究测定,引起食品营养素破坏的化学反应在高温(大于 150℃)比低温(100～150℃)的反应速度至少快 10 倍以上。下面总结有关加热条件下食品常见成分的变化及对食品质量的影响。

1) 加热对蛋白质的影响

烹调加热过程中,蛋白质会变性、胶体性改变、蛋白质及氨基酸发生化学反应,从而直接影响食品品质。

(1) 蛋白质变性。

蛋白质变性将导致食品在溶解性、凝固性、安全性和营养性等方面改变。由于变性蛋白分子结构伸展松散,使原来被掩蔽的氨基酸残基暴露,专一蛋白酶能更迅速地起作用,人体更容易消化吸收蛋白质(参见表 5-6)。

表 5-6 蛋白质消化率与烹调加工的关系

鸡蛋熟制类型	生 食	半 熟	炒 食	低温油温炸	带壳煮熟
消化率	30%～50%	82.5%	97%	98.5%	100%

(2) 蛋白质水解。

蛋白质在酸、碱或酶(蛋白酶)作用下将发生水解作用,加热能大大促进该反应。水解过程及其产物如下:

$$蛋白质 \longrightarrow 胨 \longrightarrow 脒 \longrightarrow 多肽 \longrightarrow 短肽 \longrightarrow \alpha\text{-}氨基酸$$

蛋白质完全水解生成构成它的氨基酸,结合蛋白质水解的最终产物除了 α-氨基酸外,还有相应的非蛋白物质,如糖类、色素、脂肪等。人体消化蛋白质时就是发生上述反应。所以,烹调加工使蛋白质水解可提高蛋白质的消化率。但要注意,碱性条件下的水解产物中有人体不能利用的 D-型氨基酸,对蛋白质营养价值有影响。

在加工中，蛋白质一般都不能完全水解，也不需要完全水解，甚至水解程度很轻微。胨及以前的产物是轻微水解的产物，它们仍具高分子特性，如黏度大，溶解度小，甚至加热可凝固；肽是较小分子的产物，易溶于水，胶体性弱。可见，蛋白质适当水解，既能增强食品的风味，又能改善食品的口感。例如，烹饪吊汤和炖肉时，原料蛋白质就要发生水解反应，让不溶蛋白变成低分子可溶成分，从而产生鲜味，同时肉质软嫩。

（3）蛋白质分子交联。

蛋白质分子间可以通过其侧链上的特定基团在一定条件下联结在一起形成更大的分子，使蛋白质凝固，即分子交联。在鸡蛋加热后的凝固、面粉揉制成面团等操作过程中，蛋白质分子可发生巯基与巯基的氧化型交联生成二硫键—S—S—，这种分子交联比较弱，对蛋白质的营养价值影响不大却能够改善原料的食用品质。但在强热下，蛋白质分子可通过氨基酸残基发生反应而交联，这些交联在多数情况下对食品蛋白质的消化利用不利；而且温度愈高，凝固得愈紧，食品质感就愈老，蛋白质的消化率愈低。

（4）氨基酸异构化和裂解反应。

蛋白质中的氨基酸残基和游离氨基酸在 100℃以上强热时会发生裂解反应（可见表 5-7）。如 $\alpha-NH_2$、羧基分别脱去，产生 CO_2、NH_3、胺、醛和酮酸等，侧链上的各种官能团也会脱去，如巯基以 H_2S 方式脱去，或产生其他含硫有机物。烹调中的煸、爆等强热加工中会有这种反应，造成食品的气味浓烈。不过这种强热会对食品营养卫生带来问题，如在 200℃以上煎炸、烧烤食品，特别是肉、鱼等高蛋白食品，氨基酸可发生环化反应生成复杂的芳香杂环化合物，其中的杂环胺是一类有强致突变作用的化合物。所以，烹调中应该提倡加热温度不能过高、时间不宜过长的加工方式。

表 5-7　几种氨基酸热分解的产物

氨 基 酸	分 解 产 物
半胱胺酸	H_2S、NH_3、乙醛、半胱胺、巯基乙醇、甲硫醇、2-甲基噻唑烷等
丝 氨 酸	乙胺、NH_3、乙醛、甲基吡嗪、2,6-二乙基吡嗪等
苏 氨 酸	NH_3、乙醛、丙醛、吡嗪、2-甲基吡嗪、3-甲基吡嗪、2,5-二甲基吡嗪等
赖 氨 酸	NH_3、戊二胺、吡啶、六氢吡啶、吡嗪、δ-氨基戊醛、内酰胺等

（5）羰氨反应。

加热能够大大地促进羰氨反应的进行。羰氨反应能使食品上色、增香，是烹调过程中食品良好感官的主要来源（参见表 5-8），但同时它对食品营养价值、安全性也有重大影响。应该认识到食品加热时发生色、香、味、型的改善往往与食品营养卫生水平的降低相联系。特别是羰氨反应对必需氨基酸中的赖氨酸、色氨酸等有很大的破坏作用,降低食品的营养价值。羰氨反应生成的各种产物或中间物,对人体也可能有慢性毒性,如具致突变的杂环胺、具遗传毒性和致癌性的丙烯酰胺的生成都与羰氨反应直接相关。

表 5-8　氨基酸和糖共热时产生的气味

温度	糖	甘氨酸	谷氨酸	赖氨酸	蛋氨酸	苯丙氨酸
100℃	葡萄糖	焦糖味(＋)	旧木料味(＋＋)	烤甘薯味(＋)	煮过分甘薯味(＋)	酸败的焦糖味(－)
	果糖	焦糖味(－)	轻微旧木料味(＋)	烤奶油味(－)	切碎甘蓝味(－)	刺激臭(－－)
	麦芽糖	轻微焦糖味(－)	同上	烧湿木料味(－)	煮过头甘蓝味(－)	甜焦糖味(＋)
	蔗糖	轻微氨味(－)	焦糖味(＋＋)	腐烂马铃薯味(－)	燃烧木料味(－)	同上
180℃	葡萄糖	燃烧糖果味(＋＋)	鸡舍味(－)	烧燃油炸马铃薯味(＋)	甘蓝味(－)	同上
	果糖	牛肉汁味(＋)	鸡粪味(－)	油炸马铃薯味(＋)	豆汤味(＋)	脏犬味(－－)
	麦芽糖	牛肉汁味(＋)	炒火腿味(＋)	腐烂马铃薯味(－)	山崙菜味(－)	甜焦糖味(＋＋)
	蔗糖	牛肉汁味(＋)	烧肉味(＋)	水煮后的肉味(＋＋)	煮过头甘蓝味(－)	巧克力味(＋＋)

注:(＋＋)良,(＋)可,(－)不愉快,(－－)极不愉快。

2)加热对糖类的影响

加热对糖类的影响包括淀粉糊化、其他多糖(纤维素、果胶质等)溶胀吸水和软化、低分子糖的热分解和焦糖化作用、糖苷类和多糖类的水解等变化。

(1)淀粉的糊化。

糊化后的淀粉晶体结构失去,分子之间存在大量的水,淀粉分子呈零散的、扩张的状态,易受淀粉酶的作用,更有利于人体的消化吸收。

(2)糖的热分解和焦糖化作用。

糖热解的产物主要是各种呋喃衍生物,如 5-甲基糠醛、羟甲基糠醛等。焦糖化作用中就有糖的热分解反应,所以它在食品中应用很广,以致把焦糖香气甚至作为高温加热后食品的一个标志和特征。多糖裂解产物可能对人体有害,温度超过500℃以上时会产生炭化及生成强致癌的多环芳烃,应避免这种情况的出现。淀粉的高温热解物中也会产生丙烯酰胺类物质。

Peng Ren Hua Xue

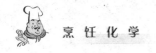

（3）多糖和糖苷的水解。

淀粉与水一起加热时会水解，形成糊精、寡糖和葡萄糖，这些产物都容易溶解在水中，有利于消化吸收。通过加热炖煮可使植物食品软化，这与果胶水解、纤维素水解等多糖水解有关。

有一些食品原料含有毒糖苷，在烹调加工中利用加热水解作用可使其变得无害。例如，杏、木薯、高粱、竹、利马豆中含有生氰糖苷，在体内降解即产生氢氰酸，发生食物中毒。所以木薯和某些菜豆要充分炖煮后方可食用。

3）加热对脂肪的影响

烹调加热可以促使油脂及脂溶性成分的挥发，从而对菜肴风味有促进作用；加热还可熔化固体油脂，液体油脂的黏稠性减小，从而改善食品的质构性能；加热也可能促进油脂和水的乳化状态的改变，如乳化、反相和破乳等，从而改变食品的许多感官性能和工艺性能。当然加热不当又会产生危害作用，其中最重要的是加热促进了油脂酸败，从而影响食品的安全、营养及感官和加工性能。

油的温度不超过200℃时，不会出现过热劣变；200℃以上则会产生有害的热聚合物、氢过氧化物、环氧化合物、二聚甘油酯和烃，其中的烃（油烟的主要成分）、环状化合物（如己二烯环状化合物、多环芳烃等）、二聚甘油酯毒性强，对人体有害。所以烹调时应控制油温不要过高，油脂不要反复加热使用。特别是炙烤和烧烤的温度可高达400℃，应该尽量避免。

4）加热对水分的影响

烹调加热能使食品水分含量和状态发生变化，下面以油炸为例予以说明。油炸是将原料放入油中加热（油的液面要高于食物高度）的一种加工方法，可分为低温（俗称焐油）、高温（俗称走油）两种情形。油炸食品的主要特点是香、脆且颜色深。这是因为油炸主要涉及两个基本的变化：一是水分的迁移，使食品脱水并吸附一定的油料，形成油炸食品特殊的酥脆质感，而且水到热油中，产生水汽蒸馏作用，将油中挥发性氧化物质赶走，把难挥发成分挥发出来，形成加热油脂的香气；二是油温较高，可以导致食品及油脂本身发生油脂水解和氧化、美拉德反应、焦糖化等反应，产生色泽、香气。从水分变化来看，可分为三个阶段。

（1）自由水挥发阶段。

当食品投入油中加热时，由于原料的投入致使油温下降，原料表面的温度在100℃以下，这时表面的水分开始向空中蒸发，制品内部的水分向表面扩散，原料表面的高分子化合物吸水膨润。由于原料中水分较多，继续加热，原料表面的温度仍保持在100℃左右，这时可见油面泛着含有水分的大气泡。原料表面的水分继续挥发，内部的水分仍向外渗透，外面的油向里扩散、渗透被食品所吸收（吸油量可以高达食品自重的40%）。当原料表面的体相水基本失去后，原料表面的高分子化合物的结构变化阶段也已完成，如淀粉的糊化、蛋白质变性凝固等，这时原料基本定型，随即淀粉和蛋白质开始水解成低分子物质。

（2）脱水分解阶段。

原料表面的自由水失去后再继续加热，原料表面的温度会升高到100℃以上，原料表面的高分子化合物中的结合水也开始失去，进入脱水分解阶段。由于温度升高，化学反应开始明显加快，分解产生的低分子物质有的挥发，有的相互间发生进一步反应生成更多的风味物质和中间产物，使食品产生香气。随着脱水过程的进行，原料表面形成干燥的外壳。与此同时，脱水过程逐渐向原料内部延伸。

（3）脱水缩合、聚合生色阶段。

原料表面形成干燥的硬壳后，继续升高油温，当原料表面的温度升高至170℃以上时，脱水反应仍在继续进行，开始发生明显的羰氨反应及焦糖化反应，这些反应的聚合、缩合物使食品表面形成悦目的黄色和硬壳，同时，由于油的导热与渗透，这些反应逐渐向原料内部深入，产生复杂的色泽和风味物质。

以上三个失水阶段的反应与温度的高低和加热时间成正比。加热时控制好油温和时间，使失水反应和聚合反应控制得恰到好处，原料内部失水不太多，就可以得到既香脆，内部仍能保持香嫩的成品，如烹调中软炸的鱼丸。如果原料比较小，加热时间长，失水多，可以得到如干煸肉丝样的菜肴质感。

5）加热对维生素及无机盐的影响

加热使热敏性维生素损失很大，对无机盐影响较小。

（1）脂溶性维生素的影响。

天然存在于动物食品中的维生素A是相对稳定的，一般烹调加工不易破坏，植物性食品中的维生素A原较易破坏。维生素D是最稳定的维生素之一，一般热加工中不会引起损失。维生素E丢失不多，但在高温中加热，常使其活性降低。

（2）水溶性维生素的影响。

硫胺素（维生素 B_1）在中性及碱性环境中易被氧化分解，亚硫酸盐能加速维生素 B_1 的分解。许多鱼和甲壳类动物组织中含有硫胺素酶，所以及时烹调食用这些食物可较好地利用硫胺素。核黄素（维生素 B_2）对热稳定，但在碱性和光照下易被破坏，可分解产生出一种有强氧化性的光黄素物质，对其他维生素也有破坏作用。维生素PP是维生素中最稳定的一种，不被光、空气及热破坏，对碱亦很稳定。高温时，吡哆醛和吡哆胺会迅速破坏。叶酸在中性及碱性溶液中对热稳定，但在酸性溶液中则易分解。

维生素C（抗坏血酸）在水溶液中极易氧化，遇空气、热、光、碱等物质，特别是有氧化酶，如植物组织中含有的抗坏血酸氧化酶，及铜、铁等金属离子存在时，可促进其氧化破坏过程。当食品组织被破坏，与空气接触面增大，抗坏血酸氧化酶就能迅速地使抗坏血酸氧化导致果蔬褐变，但此酶加热至100℃，1 min后立即失活。利用氧化酶对热不稳定，而维生素C较氧化酶对热稳定的这一性质，在蔬菜水果加

工中,进行焯水、热烫等短时间的热处理,可以减少维生素 C 的损失。

3. 加热对食品宏观性质和状态的影响

烹调加热食品时,除了对具体成分和微生物有上述作用外,还会对整个物料的宏观性质和状态产生影响。这些影响是各种成分理化变化和物料组织结构变化的结果。主要表现有:

1）热收缩和热膨胀

对于大多数生鲜原料,加热将会破坏其生物组织结构,导致水分流失、组织萎缩。含蛋白质高、特别是胶原蛋白高的肉类在短时加热时收缩得很厉害。当然,对于一些低水分原料,加热会使之膨胀,如在水中长时间加热干蹄筋。这是煮食品时的基本变化。

2）凝集、黏结和热凝固

对于一些液体或半固体凝胶状物料,加热会导致液体凝集,物料之间会黏结,或者凝固成一个整块。如烹调制作鱼丸、年糕等。

3）溶解和扩散

水中加热粉体状态的食品会出现溶解现象,导致食品成分的扩散和迁移。如淀粉类原料、高糖分原料都会出现这个现象。

4）软化、断裂、崩解和混合

对于一些塑性固体物料,加热会使之软化,如冻类食品;而脆性和硬性原料会出现断裂、崩解,导致物料之间的混合。如茎菜类、干果和种子类原料烹调时都会出现这些现象。

四、烹调加工中物质变化的影响因素和控制

（一）影响因素

在烹调中,影响物质变化的因素有:时间、化学成分的种类和含量、温度和温度的变化、食品的组织结构、催化剂（包括酶）、机械作用（如搅拌、震荡、超声波等）、压力、氧气、水分活度、pH 值、盐离子、电离辐射（可见光、紫外线）等。对这些影响因素,应该分清主次和重点,分清哪些因素是可控制的,哪些是不可控制的,从而找到加工食品的最佳条件。例如,熬糖时发生的变化主要是低分子糖在较低温度下（160～180℃）发生的物态变化（熔化）和较高温度下（＞180℃）发生的焦糖化反应,其最重要的影响因素是温度和时间。如果严格控制加热温度,把整个糖膏的温度精确到±1℃,可以很好地区分和控制较低温度下发生的物态变化（熔化）和较高温度下发生的焦糖化反应,从而得到在形态、色泽和风味方面都满足既定要求的产品。

（二）可控制因素

化学反应的反应速率与反应物的量（浓度）、温度和环境有密切关系。烹调时,

食品多处于固态、半固态状态,反应相当于固相反应。食品的许多成分如蛋白质、脂肪的"浓度"都很大,而且加上食品的各种组织结构的限制,反应物浓度近似恒定,反应处于"饱和"或等速状态。因此,烹调中应该通过控制其他因素来控制反应速率。例如,制汤的关键虽然与水和物料的比例有关,但更重要的是加热敖制的时间长短。因为汤的鲜味是蛋白质等宏量成分水解产生的,反应物浓度已经最大了,水解反应的速率达到了恒定,此时决定鲜味成分多少的因素当然就是时间了。对于有些微量成分转变的反应,如气味成分,可以通过控制反应物浓度来控制其反应速率,从而控制它们的生成量。例如,葱爆类菜肴的香气与加入的葱料量就有关系。

温度和时间为烹调操作中最重要的两大可控因素。从时间因素来看,烹调操作的技术关键之一就在于熟练度,因为,烹调加工是连续过程和顺序型劳动,如果没有迅速的动作,将错过正确估计并控制好加热温度高低和加工(加热)时间长短的机会,导致烹调结果失败。从温度因素来看,不同反应的反应速率与温度变化都有不同规律。有关反应速率与温度的关系,可以概括为图 5-3 的情形。其中,烹调加工中的理化反应多属于阿累尼乌斯型,该类型反应的特点是反应速率与温度为指数函数关系。

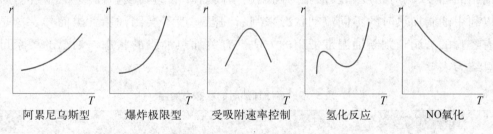

| 阿累尼乌斯型 | 爆炸极限型 | 受吸附速率控制 | 氢化反应 | NO氧化 |

图 5-3 反应速率与温度的关系

可以利用温度商(温度效应系数)Q_{10}来估计温度对反应速率的影响程度。Q_{10}表示温度每升高 10℃时反应速度所增加的倍数。根据范特霍夫(Van't Hoff)规则,许多化学和生物化学反应,Q_{10}值在 2～4 之间。例如,假设烹调时某反应的 Q_{10}值为 2.5,则当温度从 80℃升到 100℃时,食品中的化学和生化反应速度可增 6.25倍(2.5×2.5),即烹调时间可以缩短为不到原来的 1/6。

"急火快烹"实际上是温度商的应用。因为,烹调制熟食品原料的关键物质变化正如前面所述,主要是生物高分子物质的次级键断裂,包括蛋白质变性、淀粉糊化等变化,这些变化所需温度并不高,并且这些反应的温度商大(蛋白质变性的 Q_{10}值可以达到 600),所以,当温度升高时,它们的反应速度加速得比其他化学反应快得多,使原料迅速成熟,可以缩短加热时间。而水分扩散、营养素破坏等不良反应的温度商小。因此,"急火快烹"能降低水分和营养素的损失。

（三）食品烹调致熟的标准

加热烹调食品熟制的结果可以通过温度、时间及成品的某些感官性能来体现。在烹调中，一般把烹制菜肴时所用火力的大小和所花时间的长短合称为"火候"。"火候"可以理解为：掌握好加工过程中食品或物料的温度和热处理时间，从而控制好它们发生的各种理化变化的程度，使菜肴达到色香味等感官属性俱佳的一种加工控制过程。

"火候"包括了温度和时间这两个可以独立的可控制因素，而且"火候"最终是和发生理化变化的结果相关的，这些指标都是可以物化和量化的。当菜肴的烹制动作是连续进行或动作之间间隔时间很短时，对它的"火候"描述就只讲火力的大小，而不提时间长短，因为时间太短的话，人是不能够准确把握的。例如，泡油、飞水、滚煨、煸炒，这些烹调方法更注重温度及动作的迅速性。

例如在炸、炒等工艺中，人们常根据锅内油面是否冒烟、是否闪火苗来判断油温的高低，这是利用油脂挥发性及烟点、闪点和燃点的特性和变化规律——烟点、闪点和燃点都是依次增高而且随油脂的纯度下降而下降的。实际中，特别应该注意对于未精炼的油脂、反复使用的油脂，容易出现过高估计油温的错误。

另外，可以通过观察加热油脂的流动状况、外观形态来判断油温。因为不同油脂的黏度、相对密度和表面张力随温度增高而降低的幅度和程度几乎相同，所以利用油脂加热时的不同流动状况来判断油温一般不会因油脂种类而异。这是有经验的烹调师判断油温最常用的方法。有关加热油脂的状态与油温的关系可总结为表 5－9。

表 5－9　豆油加热时的状态与油温

油温(℃)	状　态	原　因
50～90	产生少量气泡,油面平静	低沸点挥发物
90～120	气泡消失,油面平静	水、低沸点挥发物
120～170	油温急剧上升,油面平静	黏度骤降
170～210	有少量青烟,油表面有少许小波纹	烟点、表面张力下降
210～250	有大量青烟产生,搅动有声响	表面张力下降
250～	闪火苗	闪点

目前，食物烹调制熟的标准并没有统一和规范，多数是经验的总结，人为的因素很多，模糊性很大。特别强调的是不能仅仅依靠热介质温度来确定对食品物料加热的"火候"。因为，不同原料的组成和结构不同，特别是水和脂肪含量、组织结构的空隙度不同，使它们有不同导热性、比热容和相变潜热。所以不同的食品在同样油温中吸收的热量不同，产生的效果也不同。另外同样温度的不同热介质，如水

和油脂,因为其传热方式、热学性能不同,也有不同的"火候"效果。

表5-10是肉类加热烹调"生""熟"的标准,它以加热后的温度及色泽来确定。

表5-10 一些肉类加热烹调的熟制标准

肉 的 种 类	成熟程度	颜色变化的说明	内部温度/℃
牛 肉	半熟	中心为玫瑰红色,向外逐渐呈桃红色。渐变为暗灰色,外皮棕褐色,肉汁鲜红	60
	中熟	中心为浅粉红色,外皮及边缘为棕褐色,肉汁浅桃红色	70
	全熟	中心为浅灰褐色,外皮色暗	80
羔羊肉	中熟	浅粉红色,肉汁浅粉红色	70
	全熟	中心为浅褐灰色,质地硬实而不松散,汁清	80~82
小 牛 肉	全熟	质地硬实,不松散,汁清,浅粉红色	74
猪肋条、腰肉	全熟	中心为浅灰色	77
猪肩胛肉及鲜火腿	全熟	中心为浅灰色	85

表5-11、表5-12、表5-13分别是油、水和空气作为传热介质时的火候控制,即成熟标准。从这些表中,可见食品的成熟程度和加热时间、物料比例、料块的形状和大小、原料的导热性能等都有密切关系。

表5-11 油为传热介质时部分菜品的火候控制

菜 名	初炸温度/℃	复炸温度/℃	时间/min	油料比	挂糊品种
炸春卷	140~160	—	4	1:15	
炸猪排	170	180	合计25	1:8	拍面包粉
椒盐鱼片	170	190	合计6	1:10	挂全蛋糊
脆皮鱼条	175	—	2	1:18	挂脆皮糊
醋熘鳜鱼	175	200	合计1	1:3	挂水粉糊
香炸鸡腿	165	200	合计10	1:6	挂薄糊
炸菜松	150~160	—	1	1:5	—
炸土豆条	160	175	合计4	1:8	—
炸豆腐泡	180	—	6	1:5	—

注:表中所列时间是指单个料块的成熟时间。

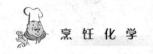

表 5 – 12　水为传热介质时部分菜品的火候控制

菜　名	温度/℃	时　间	料水比	质量/g	备　注
水氽鱼片	90～100	2 min	1∶5	200	先上浆,原料厚度 0.5 cm
水氽鱼片	95	80 s	1∶6	150	先上浆,原料厚度 0.2 cm
白斩鸡	90～95	25 min	1∶4	1 500	整只鸡加热到 100℃出锅
氽鱼圆	30～90	8 min	1∶5	100	直径 3 cm,从 30℃升至 90℃
氽肉圆	70～100	9 min	1∶5	350	直径 3 cm,入锅 30℃,出锅 100℃
水爆羊肚	100	20 s	1∶7	500	原料丝状,爆 2 次,每次 10 s
汤爆双脆	100	12 s	1∶6	共重 300	原料剞刀,在汤中时间不计
清炖狮子头	95	2 h	1∶2	750(10 只)	如果先加热至 100℃,3 min
卤牛肉	100	100 min	1∶3	1 500	料块 2.5 cm×3 cm,卤中有调料
红烧肉	95～100	90 min	1∶1	1 000	肉块为 2.5 cm×3 cm 方块
鲫鱼汤	100	30 min	1∶2.5	450	成汤后汤料比为 1∶1.5

表 5 – 13　明炉烤菜肴的火候控制

方式	菜　名	部　位	料　形	火　力	时间/min
加网烧烤	猪肉烧烤	后腿肉	薄　片	强　火	2～3
	鸡翅烧烤	鸡　翅	整只(剞刀)	中　火	15
	牛肉烧烤	腿　肉	薄　片	强　火	1
	鱼肉烧烤	整　条	整　形	中　火	12
火烧烤	烤乳猪	整小猪	整　只	180℃	40
	烤鸡肉串	鸡　排	薄　片	中　火	3
	烤羊肉串	净羊腿肉	薄　片	中　火	44
铁板烧烤	猪肉烧烤	腿　肉	厚　片	中　火	4
	鱼片烧烤	中段净肉	厚 0.5 cm	强　火	1
	鱼片烧烤	中段净肉	厚 2 cm	强火—弱火	6
	牛　排	仔牛腿肉	厚 3 cm	强火—弱火	8～10

　　从传热学原理讲,"火候"本质上是热源的功率与物料吸热制熟速率是否匹配的问题。如果热源功率足够大、热介质多,能够保证烹调时热介质处于"恒温"状态,此时加热时间成为能够决定"火候"程度的主要因素,例如时间长短成为炒、炸等多油量烹调方式的技术关键。如果油量不是很多而物料多,油温瞬间变化大时,这时控制热源功率成为决定"火候"的关键因素。实际中,厨师是通过把握锅与热源的距离来控制实际功率的。

第二节　常见烹调方法的有关原理

一、干料涨发

将固体食品直接浸泡在液态水（或水溶液）中，固体食品会发生水化、湿润、溶解、溶胀等变化，导致其含水量大大增高。浸泡后的状况要由食品中亲水成分的组成情况、食品的组织结构和液态水的性能（如水温、水中的盐电离后的离子、pH 值、水的流动情况等）三方面来决定。当固体食品本身是松散或粉末状，而且其成分多数是水溶性的，那么食品浸泡后会发生明显的湿润、溶解作用，食品几乎全部溶于水形成溶液；如果其成分是不溶但仍具亲水性，则只发生湿润吸水，如生淀粉遇冷水；如果固体食品本身是结块或胶体状，那么在浸泡中，除了发生明显的水化、湿润外，食品组织结构会改变；当食品成分的水溶性高，而固体食品自身的内聚力不强，则会溶解于水中，导致固体食品瓦解；如果食品成分的水溶性不高，或者水溶性高但固型成分之间的连接力也强，这时食品的变化主要就是溶胀吸水。

烹调中采用"涨发"工艺来处理干料的复水，使干料重新吸水后达到烹调加工成菜的要求。常用的涨发方法见表 5－14，主要是水涨发和热膨胀涨发两类。

表 5－14　常用的干料胀发方法

水 涨 发	冷（温）水浸发	自然水浸发
		碱溶液浸发
	热水涨发	煮　　发
		闷　　发
		泡　　发
		蒸　　发
热膨胀涨发	油 介 质	油　　发
	沙 介 质	沙　　发
	盐 介 质	盐　　发
	干热空气介质	热膨化发

（一）水发工艺原理

干料水发的基本原理是干凝胶固体在水中的溶胀（膨润）。溶胀过程经历了水化、湿润和吸水等阶段。其中体积增大是通过第三个阶段的渗透压吸水来实现的。

1. 水化作用阶段

凝胶的结构材料如蛋白质、多糖通过亲水基团如—NH_2,—COOH,—OH,—SH,—C=O等吸附结合水,即水化作用。这阶段有热产生,因为水化作用主要是通过氢键来结合水分子,形成氢键可放出能量。

2. 湿润阶段

通过毛细作用和胶体表面吸附作用吸附体相水而使胶体表面湿润。到达这一阶段时,凝胶吸水量有限,大约每克干物质吸水 $0.2 \sim 0.3$ g,所以干凝胶的体积并不会增大。

3. 渗透吸水阶段

渗透吸水阶段依靠的是渗透压。有关渗透压的原理可用图5-4表示。图中透析袋是半透膜,具有选择通透性,能让水分子等小分子通过,而蛋白质、多糖等高分子不能通过。当袋内的某种溶液浓度高于外面的时,因内外水分子扩散的差异,向内扩散的水分子更多(因为外面相对有更多的水分子),因此,透析袋内的液面会升高,这个液面差即是渗透压。它相当于透析袋具有吸水能力。袋内水溶解物的浓度越大,液面差就越大,渗透压越高。

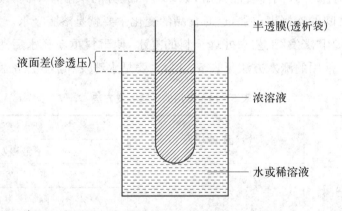

图5-4 渗透压原理和透析装置示意

凝胶溶胀时,各种低分子成分,如无机盐、蛋白质降解物等溶解于胶体表面的水中形成溶液,同时液态水通过扩散、毛细作用浸入内部,形成更高浓度的溶液,这样在凝胶体各部分的界面分隔区产生内高外低的渗透压,使食品表现出强大的宏观吸水力和膨胀压,促进大量吸水,使凝胶内部间隙增大,体积也就增大。

食品的组织结构中存在大量的微细结构,包括肉类或植物类组织的细胞或纤维结构,这些结构虽然可能在干制时遭到一定破坏,但细胞内或组织内溶液中的固型成分并没有大量流失,而是凝固、沉淀和胶凝成各种形态的组织结构。这些结构的间隙具有毛细管的功能吸附一定水分,而当再次遇到液态水时,凝胶中的可溶物会形成高浓度的溶液,并由此产生渗透压。

（二）影响水发的因素

影响干料涨发的因素，最主要的是干料固体自身的内聚力和对水的吸附力。干料固体的组织结构决定其内聚力，而渗透压等是决定其吸附力的关键。

1. 干料的性质与结构

不同原料的涨发性能不同（见表5-15）。蛋白质干凝胶的溶胀与干制过程中蛋白质的变性程度有关。在干制脱水过程中，蛋白质变性程度越低，涨发时的溶胀速度越快，复水性越好，更能接近新鲜时的状态。真空冷冻干燥得到的干制品对蛋白质的变性作用最低，所以，复水后的产品质量最好。经过高温处理的干制品，原有结构破坏严重，蛋白质过度变性，凝结得坚硬，这类干制品复水性差，复水速度也慢。有些干制品结构特别紧密，且外表有一层疏水性物质，水分难以向内部扩散和渗透，如海参、鱿鱼、鱼翅等。而有些干制品结构疏松，或原有结构破坏较轻，内部分布着大量的毛细管，水分向内扩散比较容易，许多植物性干料如香菇、木耳等就较容易涨发。

表5-15　常见原料的复水系数（涨发率）

原　料	涨发率	原　料	涨发率	原　料	涨发率
猴头菌	3～4	蹄筋盐	5	鱿鱼	5～6
玉兰片	5～6	蹄筋混	4～5	海参	3～6
板笋	7～8	鱼肚	3～4	海带	7～8
干肉皮	4	海蜇	4～5	莲子	2～3
蹄筋油	6	鲍鱼	2		
蹄筋水	2～3	干贝	2		

注：复水系数是复水后制品的沥干重和同样干货原料试样量在干制前的相应原料重之比。

体积大小不等的同一干料在相同条件下涨发，体积大的比体积小的难以发透，这是因为水发是水分向原料内部的传递过程，体积大的原料，比表面积小，从表面到中心的距离大；体积小的原料，比表面积大，从表面到中心的距离小。大块原料应进行适当的分割，以缩短水分进入干料体内的距离，可提高渗透作用吸水的速度。

2. 温度

有些原料，特别是植物性原料，在冷水中不易涨发，而升高温度就能促进原料吸水涨发。这是因为，温度升高使水分子运动更剧烈，同时凝胶结构也因分子振动剧烈而疏松，从而有利于吸水涨发。但如果干料是高蛋白质的新鲜品自然干燥或非加热干制的，凝胶蛋白质本身变性程度小，如果在涨发初期就使用高温热水，较高温度反而会使其蛋白质变性，凝胶进一步凝固和收缩，导致渗透吸水困难，使涨发失败。

3. pH 值

pH 值对于凝胶的溶胀及膨润度的影响也非常大。对于蛋白质凝胶,因为蛋白质具有两性性质,pH 的影响很明显,图 5-5 是 pH 对蛋白质凝胶吸水量的影响曲线。

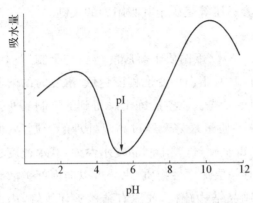

图 5-5　pH 对蛋白质凝胶吸水容量的影响

从图中可以明显看到,在等电点的吸水量最小,远离其等电点时吸水量都增大,而且偏碱时比偏酸时更大。其原因是一般食品蛋白质的 pI 都小于 7,偏碱时比偏酸时分子带的电荷更多,吸水量就更大。所以,许多原料采用碱发。而且碱对原料中的脂肪和蛋白质有水解作用,增加氨基酸和可溶蛋白的溶解度,使可溶物浓度增大,从而增大渗透压,这对原料泡发有利。但碱性条件下蛋白质和氨基酸容易分解,所以对碱发的时间和碱的浓度都要进行控制,并应在涨发完成后充分退碱。还有,碱是较强的氢键断裂剂,溶胀过度会导致制品丧失应有的黏弹性和咀嚼性。所以,碱发过程中要求控制好时间、温度和碱的浓度以保证蛋白质的品质。烹调中用的碱溶液有常说的"碱水"(碳酸钠[Na_2CO_3]溶液)、"熟碱水"(碳酸钠和氧化钙混合物)、"枧水"(碳酸钠和氢氧化钠混合溶液)。

二、食品冷冻和解冻

(一) 食品冻结

食品在低于其冰点温度的环境中,其水分会转变成冰,这就是冻结现象。通过冻结食品可以保存、浓缩或干制食品(冻干)。另外,烹调加工中,还可以把食品,特别是半固体状的食品,冻结到一定程度按固体物体方式进行成型处理和质构处理。

一般冻藏有慢冻和速冻两种方法。慢冻的冻结速率缓慢,当温度在 $-1 \sim -4℃$ 时(最大冰晶生成带),容易形成大的冰晶,这种冰晶的膨胀作用大,会破坏肌肉纤维的组织结构,解冻时,融化后的水不能全部渗回肌肉内部,甚至由于组织结构的破坏,一部分肉汁从组织内部流出,使肉的营养、风味、色泽和持水力受到影响,肉的质量也随之下降。速冻的肉是将肉置于 $-23 \sim -33℃$ 的低温环境中,肉汁中的水迅速冻结。由于冻结速率快,液态水能够在原位置结晶成冰,形成的冰晶数量多、颗粒小,在肉组织中分布比较均匀,对肌肉组织的破坏小,解冻融化后的水可以渗透到肌肉组织内部,所以,基本上能保持原有的风味和营养价值。

冻结会使蛋白质变性,影响食品的组织结构、质构,尤其是对乳化液有破坏作用。由于冻结过程是从表面逐渐向中心发展的,即表面水分首先冻结;而当内部的水分因冻结而膨胀时就会受到外表面层的阻挡,于是产生很高的内压(被称为冻结膨胀压),此压力可使外层破裂或食品内部龟裂,或使细胞破坏,细胞质流出,食品品质下降。

结构比较疏松、外皮薄、含体相水多的水果蔬菜,由于其细胞间隙比较大且细胞壁坚韧缺乏弹性,冰晶膨胀对细胞起机械破坏作用,细胞胶体系统会被破坏,解冻后细胞汁外流,失去了原有的品质。所以,植物性原料一般采用冷藏方法。而动物性食品如肉类的细胞没有细胞壁,而且其胶原蛋白等有好的弹性,结冰造成的机械破坏程度轻,所以,它们既可采用冷藏也可采用冷冻的方法加以保藏。

(二)冷冻食品的解冻

使冻品融化恢复到冻前的新鲜状态就是解冻。原料冻结造成细胞组织受到损伤,蛋白质变性,解冻后失去了重新吸水的能力,水分未被组织细胞充分重新吸收,容易造成汁液的流失。减少汁液流失的措施有以下几种。

(1)提高冻结速度,降低和稳定冻藏温度。缓慢冻结的食品解冻后其水分(汁液)损失明显高于速冻食品;冻结温度低比冻结温度高的食品解冻后损失的水分少;恒温冻结比变温冻结的食品质量高。

(2)控制解冻的速度和温度。缓慢解冻和低温解冻比快速解冻和高温解冻对食品的影响小。冻肉解冻时一定要采取缓慢解冻的方法,使冻结肉中的冰晶逐渐融化成水,并渗透到肌肉组织中去,尽量不使肉汁流失,以保持肉的营养和风味。如果高温快速融化(如加热、放在热水中融化等),会使肉汁来不及向肌肉内部组织渗透而流失,使肉的品质下降。不可用自来水冲洗,更不可用热水浸泡,否则解冻时间虽短,但肉汁流失太多,肉质下降。例如,在0℃的低温水中解冻8~10 h,肌肉组织状态基本上完全复原;在30℃下经过30 min快速解冻,大部分水还滞留在细胞外,几乎不能恢复组织结构。

根据原料的种类和用途,解冻可以采用下列三种不同的形式。

(1)完全解冻。待烹调原料的冰晶体全部融化后再加以后期的进一步处理。多数的烹调原料,其冰结点最高在-1℃,所以当冻品温度升至-1℃时,即可认为已完全解冻。

(2)半解冻。冻品原料在解冻时,表面和内部的温度不同,为保证原料的新鲜度,只要便于加工,便可进行加工。

(3)高温解冻。烹调原料在较高温度下,与烹制同时进行的解冻方法。冻结的蔬菜如果不经解冻就烹煮,大多数能保持较大体积、较好形态和质地。需要注意的是,大多数冻结蔬菜烹调所需的时间比相应的新鲜蔬菜短,烹调时应尽可能少加水。

解冻介质有热水、蒸气、空气、油等。具体的解冻方法见表5-16。

表 5－16 冻结食品的常见解冻方法

解 冻 手 段	具 体 操 作 方 法
空气解冻	静止空气解冻、流动空气解冻，又分 0～4℃缓慢解冻、15～20℃迅速解冻以及 25～40℃空气、蒸汽混合介质解冻
水/盐水解冻	静水解冻、流水解冻、淋水解冻、盐水解冻、随冰解冻、真空水蒸气凝结解冻，用 4～20℃水或盐水介质浸没式或喷淋式解冻
电解冻	低频电流解冻、高频电解质加热解冻
压力解冻	加压流动空气、高压(400 MPa)解冻
组合解冻	各种解冻方法联合使用

三、淀粉在烹调中的有关应用

由于烹调加热时淀粉容易糊化，具有吸水、增稠等特性，可以起到控制水分、改变菜肴质构的功能，所以，淀粉也成为一种烹调加工的原辅料，常说的芡粉、豆粉、生粉等都是淀粉。烹调加工中常用的淀粉种类有：菱角粉、绿豆粉、马铃薯粉、豌豆粉、甘薯粉、玉米粉、木薯淀粉等，其特性见表 5－17。

表 5－17 烹调加工中常用淀粉及其特性

种 类	特 性
菱角粉	呈粉末状，黏性大，吸水性差
绿豆粉	直链淀粉 60％以上，粒径 15～20 μm，稳定性和透明度高，糊丝较长，凝胶强度大，宜做粉丝、粉皮、凉粉等
豌豆粉	黏度高，胀性大
马铃薯粉	颗粒较大，糊化温度较低，一般为 59～67℃，糊化速度快，糊化后很快达到最高黏度，黏性较大，糊丝长，透明度好，但稳定性差，胀性一般。适宜上浆，挂糊，为淀粉中上品
玉米淀粉	粒径 15 μm，含直链淀粉约 25％，糊化温度较高，为 64～72℃，糊化速度慢，黏度较高，糊丝短，透明度差
甘薯粉	色灰暗，粒径 25～40 μm，直链淀粉约 19％，糊化温度高达 70～96℃，黏度高，但不稳定，凝胶强度低
木薯粉	黏度好，胀性大，杂质少；含有氢氰酸，须用水久泡，煮熟才能食用

烹调中常涉及使用淀粉的操作工艺有挂糊、上浆、勾芡、拍粉和各种淀粉凝胶制品制作。通过这些操作，可以达到控制水分、油脂和风味成分的目的，使菜肴外

观、质构、加热火候程度等都能够满足人的要求。例如,通过上浆,可以避免原料直接与高油温接触,使蛋白质在较低温度下变性,保持原料内部水分与呈味物质不易流失,并使原料在加热中不易破碎,从而起到保嫩、保鲜、保形、提高风味与保护营养素的作用。又例如,挂糊可以产生具有一定软硬程度和疏松结构的固型物,它包含了一定的水或油脂等液体成分、空气和物料的固体物,控制好固体、液体和气体的比例能够赋予菜肴特定的质构。因此,烹调中常常把挂糊、上浆、勾芡、拍粉等看作"调质"工艺。

挂糊、上浆、勾芡、拍粉等操作的科学基础都是利用淀粉加热吸水糊化形成糊状胶团物的原理。理论上淀粉糊化后会形成具有一定黏度的溶胶,但在烹调加工中,淀粉的糊化是受到人为控制的,糊化度也有限,形成的产物是不同糊化程度的淀粉混合物,同时,部分已溶于水中的淀粉,特别是直链淀粉能够胶凝成冻状。所以,淀粉糊状混合物中大致包括淀粉凝胶体、淀粉溶胶体、淀粉颗粒悬浮体、淀粉沉淀体。实际操作中,由于原料和菜肴中还有其他成分或添加其他物料,如蛋清、油脂、可溶性调味物、乳化剂,再加上食品的组织结构限制以及烹调操作时各种机械作用的影响,形成的糊状体的状态和性能都很复杂。

从宏观性能和菜肴品质需要来看,淀粉糊状体应该具备以下特性才能满足工艺的需要。这些特性是:

(1) 高的吸水性及一定的吸水速度;

(2) 高的黏稠性和控制体系流动的能力;

(3) 较强的凝聚性,形成一定强度分隔膜和成型的能力;

(4) 外观性——透明、均匀程度、表面粗细度;

(5) 稳定性——抗煮(抗热性)、抗老化。

一般来看,如薯类等地下淀粉具有以上第1、第2和第4条的较好特性,而玉米等地上淀粉在第3和第5条方面更有优势。实际操作中,可以对淀粉先进行预制处理(如面包糠)、配方搭配(如吉士粉)或添加其他辅料(如挂糊中的蛋清糊、蛋泡糊、脆皮糊)来改变其糊状体的一些特性,以满足不同的操作要求,但最重要的仍然是根据淀粉糊化的机制,准确控制水量、加热温度和时间。例如,拍粉的目的就是快速吸水,以防止过多水分在炸制时与高温油脂产生猛烈的汽化,因此需要用干淀粉,而且是能够快速吸水的淀粉,并要求"现拍现炸",即不要过早将干粉与原料裹在一起,因为,如果过早的话,可能把原料自身的水分吸附过多,导致品质下降,同时,"现拍现炸"还能够保证淀粉做到"及时"吸水,因为在加热的同时,原料蛋白质变性会放出一定水分,如果不及时、快速地吸附的话,可导致整个菜肴的水分损失严重。又例如,勾芡的目的是控制菜肴汤汁的流动性,在菜肴烹制将要出锅前,向锅内加入芡汁(水淀粉),通过淀粉糊化使溶液或汤汁的黏稠度增高,以便增加菜肴的口感和方便食用。勾芡淀粉的种类、加入水淀粉的时机和加热时间,以及搅动的

方式、时机和程度将决定勾芡成功与否,其中,淀粉用量是最关键的因素,但同时也是可以准确控制的因素(参见表5-18)。行业中一般有包芡、糊芡、流芡、米汤芡四种,其差异是水淀粉的浓度大小依次递减。包芡要求形成几乎不流动的糊化体,能够黏附于原料表面,使盛器中几乎没有流动的液体,因此要求包芡的淀粉浓度最大。同样,米汤芡黏稠度最小,用于控制汤汁的流动性,要求芡汁形成的是淀粉溶胶,如米汤,稀而透明。

表5-18　一些烹调菜肴勾芡的淀粉用量

菜 肴 名 称	主料/克	配料/克	淀粉用量/克
炒里脊丝	瘦肉300	熟冬笋丝100	5～6
炒肉丝	肥七瘦三300	熟冬笋丝100	8
炒肉丝	肥七瘦三300	韭黄	11
炒猪肝	猪肝300	冬笋	10
烩口蘑	鲜蘑菇300	冬笋丝等100	5.5

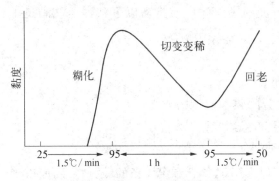

图5-6　淀粉糊化过程中黏度的变化

勾芡上浆操作常常出现"吐水"和"脱浆"现象,这是淀粉糊化体稳定性发生变化的表现。如果淀粉太容易吸水,就可能降低其抗热性,加热时间稍长,出现过度糊化,糊化体的黏稠性和凝聚性不强,出现淀粉糊形状崩解、散乱和不均匀的现象,这就是"脱浆"。"吐水"是指烹调后,当温度降低,淀粉糊中的水游离出来,其实质就是淀粉的老化现象(见图5-6)。

烹调中形成糊化体的同时,可以发生其他物理或化学变化,从而产生其他结果。例如,"收汁亮油"是勾芡时油脂和水分离或乳化液破乳的结果。如果温度足够高的话,羰氨反应、焦糖化反应也可发生,导致菜肴的色泽、风味等方面发生变化。如果操作中加入泡打粉(含小苏打)、蛋清、蛋泡、糖粉、面粉或油脂等,将会形成各种形态、颜色和质感的糊化体,赋予菜肴不同的感官属性。

另外,行业中还有所谓"自来芡"的情况,它们不是淀粉糊化的结果,而是烹调中菜肴物料自身流出的汁液,或菜肴汤汁中水分挥发浓缩形成的高浓度黏稠液体或半固体,在水量较少、加热较长的菜肴和旺火收汁的菜肴中存在这种现象。例如,含胶原蛋白多的一些动物性菜肴,包括烧、卤的菜肴,由于其调料多,如糖、盐等浓度较高,会形成自来芡。

四、面团制作的有关原理

（一）面筋的形成原理

小麦有四类蛋白质。其中不溶蛋白为麦谷蛋白和麦胶蛋白（醇溶谷蛋白），占总蛋白的80%以上，两者的含量相差不太多，当面粉加水捏和时，麦胶蛋白和麦谷蛋白按一定规律相结合，能形成一种具良好机械性能、有黏弹性的胶体，这叫面筋。面筋是凝胶，具有海绵一样的网络结构，其他面粉成分如脂肪、糖类、淀粉和水都包藏在面筋骨架的网络之中，这就使得面筋具有弹性和可塑性。所以小麦谷蛋白和小麦胶蛋白也叫面筋蛋白，而麦清蛋白、麦球蛋白则称非面筋蛋白（参见表5-19）。

湿面筋具有黏性、弹性、延伸性、薄膜成型性和乳化性等功能性质，是面团的烹调工艺性和烘焙性的物质基础。例如，面筋作为面团的骨架，为面粉通过发酵制作面包、馒头等食品提供了保障。因为面团滞留气体的能力与面筋蛋白的数量和质量有关。在面团中面筋形成了有延伸性和弹性的骨架，能累积 CO_2 气体，从而得到比原来体积大得多的面团。这种骨架在面团发酵过程中渐渐膨胀，当面团在高温焙烤的影响下，面包心的温度达到97～99℃时，蛋白质骨架即行凝固，结果面团的体积固定，从而使面包保持一定形状。

表5-19　小麦面粉蛋白的组成和性质

蛋白质	含量/%	pI	相对分子质量	分子结构特征	亚基数	溶解/溶胀性能（膨润度）
麦清蛋白	3～5	4.5～4.6	$12～28×10^3$	球状	1	水、盐溶液溶解
麦球蛋白	4～8	5.5	$≤40×10^3$，个别 $10×10^4$	球状	1	盐溶液溶解
麦胶蛋白	35～40	6.4～7.1	$33～60×10^3$	球状→纤维状，有二硫键，且多为分子内	1,种类多	70%乙醇溶液，水、盐溶液溶胀（1.27/1.80）
麦谷蛋白	45～50	6～8	$31～100×10^4$	纤维状，二硫键多,且多为分子间	15	水、盐溶液溶胀（2.31）

面团揉制中，干面粉颗粒吸水湿润，其可溶成分逐渐溶于水中，形成悬浮泥浆状体系。此时，面筋蛋白水化增强，蛋白质吸水，并在机械力作用下，蛋白质分子开始扩散、肽链伸展，然后在水流动的帮助下，伸展的蛋白质分子迁移，通过疏水作用力等相互间定向相连，形成面筋凝胶的初步网孔；网孔形成后，能产生渗透袋效应，即通过不同网孔的渗透袋的渗透压差吸水，水分在凝胶网孔间趋向平衡；继续通过外力的机械作用，面团变性和流动，初步形成的凝胶中，蛋白质分子内部和分子间的巯基和二硫键在面粉自身的还原剂、氧化剂及空气的氧化作用下，发生二硫键形

169

Peng Ren Hua Xue

第五章　食品烹调加工的原理

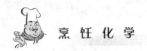

成和交换作用,最终形成了蛋白质分子间相连的空间网络,从而形成了面筋。这些过程可用图5-7、图5-8表示。

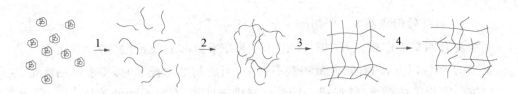

图5-7　面筋形成示意

1——面粉吸水湿润、蛋白质肽链伸展　2——蛋白质分子扩散,分子间定向吸引
3——蛋白质凝胶网络形成,网络吸水、平衡　4——网络瓦解

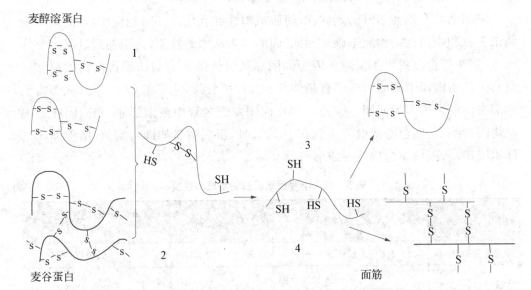

图5-8　巯基的氧化还原反应和二硫键交换作用与面筋结构形成的关系

1,2——二硫键还原反应　3——巯基分子内再氧化　4——巯基分子间再氧化

现证明,如果麦谷蛋白、麦胶蛋白在含量和质量上相差太大,就不能很好地互相配合,不能形成具良好黏弹性的面筋。因为,麦胶蛋白主要含分子内二硫键,因此黏性强,富于延展性;而麦谷蛋白的二硫键则在分子内和分子间并存,其弹性强,但缺乏延展性。由于小麦面粉兼备上述两种蛋白的性质,使得其面团既具有一定的弹性,又具有一定的延展性。

（二）影响面筋的因素及其应用

面筋受许多因素影响,包括面粉自身状况、加工条件和环境因素。

1. 面粉自身状况的影响

实践证明:面粉中蛋白质含量对其烘焙品质有很大影响。例如,硬小麦的面粉蛋白质含量高,面筋具有弹性,制成通心粉时,能很好保持通心粉管的形状,所以它适宜做通心粉。但它不适宜做面包,因为硬小麦的面筋过于坚实,疏松度不够,面包心弹性不够,面包体积小。

根据所含蛋白质或湿面筋含量,可将面粉分为以下三等:高筋面粉(bread flour,湿面筋含量>30%,蛋白质含量12%~15%,适宜做面包、起酥点心、泡芙点心等)、中筋面粉(plain flour,湿面筋含量26%~30%,蛋白质含量9%~11%,用于制作中式面点如面条、包子、馒头、饺子及水果蛋糕、肉馅饼等)、低筋面粉(cake flour,湿面筋含量20%~25%,蛋白质含量7%~9%,适宜制作蛋糕、甜酥点心、饼干等)。我国现行的面粉分类标准根据蛋白质含量等指标将面粉分为四类:特一粉、特二粉、标准粉、普通粉。其中特一粉的湿面筋含量大于26%。

小麦面粉含有58%~76%的淀粉,其中直链淀粉约占总淀粉的24%,糊化温度为65~67.5℃,它们在面团中也起着重要作用。淀粉在面包、馒头制作中的作用是稀释面筋,并为酵母产气提供需要的糖分,使面筋气泡进一步拉伸。

2. 加工条件和环境因素

1) 水和温度

调节水量及水温是控制面筋的主要手段。面筋强度随含水量的增加而减弱,烹调中就是用不同水量来调制不同软硬面团的。但要注意,水量只能在面粉自重的30%~200%之间调节(实际范围在45%~55%之间),因为面筋蛋白是有限吸水的蛋白,水过多,面团不能全部吸附,导致形成黏糊的面浆。

温度,特别是水温能极大地影响面筋的形成和性能。一般来说,温度不超过30℃时,温度高些对面筋形成有利,因为这加快了吸水速度,但温度超过30℃,蛋白质会变性、凝固,导致面筋形成不好,特别当温度到达60℃或以上后,面粉中淀粉会糊化,大量吸水,这时面筋还未形成,所以得不到有筋力的面团。烹调中的冷水面团、热水面团、烫面等性能的差异就是温度不同造成的。要特别注意面粉在揉制成面团时,因蛋白质的水化作用要放出热量,会导致面团温度升高,从而影响面筋的形成和面团的质量。

对于发酵面团,温度的影响也十分重要。一般要求在28~30℃之间,这个温度既适于酵母的生长繁殖,又有利于面团中面筋的形成。

2) 揉制面团的方式

已调好的面团是由固相、液相和气相构成的。面团中三相之间的比例关系,决定着面团的物理性质。液相和气相的比例增大,会减弱面团的弹性和延伸性;若固相占的比例过大,则面团的硬度大,不利于面包体积的增大。固相中主要是不溶性蛋白质、淀粉和麸皮,液相主要是由水及溶解在水中的物质构成,气相有两个来源:一是在面团搅拌过程中混入的,另一是在酵母菌发酵过程中产生的。

采用不同的搅拌和揉压方式,面团的空气包裹量及固相、液相和气相三相的分布均匀程度就会不同。二硫键位置不当,会导致面团性能出现差异,特别是手工一

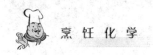

次制作量大的面团时,会产生吸水不均的现象。

另外从调制开始,面团就进行着胶体化学变化,在搅拌初期,由于蛋白质和淀粉颗粒吸水很少,故面团的黏度很小;随着搅拌的进行,蛋白质吸水膨胀,淀粉粒的吸附水也增加,面团的黏度增大;继续搅拌,水分大量浸透到蛋白胶粒内部并结合到面筋网络内部,形成了具有弹性和延伸性的面团,当面团表面显出光泽时,搅拌完成。如果搅拌过度,一部分面筋蛋白质分子间的二硫键结合转变成分子内的二硫键,使分子间的结合程度削弱会引起面筋崩解,面团的弹性和韧性减弱,工艺性能变劣。但如果时间过短,面团内部的水分扩散速度达不到面筋网络的形成速度,会产生凝胶吸水不好、网络大小不一,使面团处于质量欠佳的状态,即面团揉制、醒发不够。因此,在不同阶段,采用不同的搅拌和揉压方式,并控制好时间,才能得到理想的面团。

3)添加剂

通过利用氧化还原反应,可以明显地提高或降低面筋筋力。面筋形成中,蛋白质分子内和分子间的—S—S—键及分子内的巯基—SH,在空气中氧气、食品添加剂中的氧化剂作用下,—SH可变成—S—S—,同时,原有的—S—S—在—SH存在下通过交换,在凝胶网络的恰当位置形成新的二硫键,面团内渗透压平衡,面团均匀,面筋中蛋白质网络更有强度和稳定性。

为了加速氧化的进行,通常采用两种方法:一种是加快搅面机的转速,或延长搅拌时间和成熟时间;另一种是加入面团改良剂,如碘酸钾、溴酸钾、过硫酸铵、脱氢抗坏血酸、过氧化钙、过氧化苯甲酰(已禁用)等氧化剂促进面筋的氧化以增加—S—S—结合。如果在面粉中添加亚硫酸氢钠、亚硫酸氢钙、焦亚硫酸钠等还原剂时,则可降低面筋的黏弹性。

乳化剂、泡打粉(含小苏打的复合膨松剂)、苏打粉(含小苏打)、酵母(生物膨松剂,包括鲜酵母、活性干酵母)、臭粉(含碳酸氢铵)、塔塔粉等是常用来改善和调节面筋性能的添加剂和辅料。例如,单甘油酸酯、卵磷脂等乳化剂及硬酯酰乳酸钙(CSL)、硬酯酰乳酸钠(SSL)、硬酯酰延胡索酸钠(SSF)等乳化剂可作为抗老化剂延缓面包的老化。泡打粉、苏打粉、酵母粉、臭粉等都能够产生气体,可作为膨松剂改善面团的结构,产生多孔状的疏松结构。

4)脂类物质

直接在面粉中加入油脂会阻碍蛋白质吸水,限制面筋形成;同时油脂的润滑作用、包裹空气或水分的作用最终会形成油酥面团。这在面点制作中有重要的应用价值。有关油脂的起酥性在第二章已经介绍。

5)其他因素

影响面筋形成和性能的因素还有pH、盐电离后的离子、亲水性物质(如食糖)、外源物质如大豆粉、蛋清、外源淀粉等。概括地说,能增强面筋水化、氧化的因素都可提高面筋强度。

在中性 pH 时,小麦蛋白吸水最低,所以可考虑改变 pH 来控制面筋。实际中,加入少量碱是可行的方法(加酸会导致严重酸味,并抑制发酵和熟化)。另外,添加少许盐、大豆粉等能有利于面筋形成良好筋力,而添加脂类物质、糖、蛋清、外源淀粉如米粉等会妨碍面筋形成,降低黏弹性。

五、肉类烹调加热的有关原理

(一)烹调加工中肉的变化

通过加工,肉类烹调成了色、香、味、型、质颇佳的菜肴,这是其化学成分及其生物组织在形态上、结构上变化的综合结果。这些变化很复杂,以致掌握这些变化成为烹调技术高低的标志。表 5-20 总结了这些变化的情况。

表 5-20　烹调肉的品质变化及物质基础

	品 质 变 化	物 质 变 化
色泽	不同部位和时间长短可形成:红色、淡红色、褐色	肌红蛋白流失、加热变性、氧化为高铁肌红蛋白,以及肌浆蛋白变性、凝固导致颜色变化。肉内部温度 75℃以上,变为灰褐色。高温炸、烤还可能通过美拉德反应、油脂氧化等产生褐色
风味	① 形成肉香(温度高低不同)。 ② 形成熟肉的特有滋味(鲜味等)	① 脂溶性挥发物挥发、肉香前体成分发生化学反应产生肉香成分。 ② 肉中浸取物溶出,蛋白质、核酸等水解产生鲜味等成分
质构	① 短时间加热:体积缩小、变韧、肉汁流失。 ② 长时间加热:变软、形成冻状物	① 肌纤维蛋白和肌浆蛋白变性、凝固,结缔组织的胶原蛋白等变性、热收缩,肌肉纤维和凝胶结构变化、持水力改变、水分流失。 ② 胶原蛋白等吸水溶胀、部分水解生成明胶;油脂融化、分离、渗出、乳化等

烹调加工中肉的质感变化很大程度上是由于肉蛋白与水形成的胶体体系发生变化的结果。人类对蛋白质资源的研究与新蛋白质食品的开发,总是围绕着模拟肉类蛋白质制品而进行的。肌肉蛋白质决定了肉的风味、黏着性、胶凝性、保水性、嫩度和颜色等重要功能性质。所以,应该重点研究和分析肉蛋白的变化规律。总体看,烹调加工中肉蛋白的变化主要有:肉蛋白质的水化程度变化、蛋白质变性,以及由此关联的其他胶体性质变化。

肌肉加热时,蛋白质很容易发生变性、脱水和凝固,使肉产生收缩。肌球蛋白的热凝温度是 45～50℃,有盐时更低,可在 30℃就开始变性;肌溶蛋白凝固温度是

55～65℃。加热时,肉蛋白的酸性基团会减少,等电点会增大到中性 pH,导致持水力下降,特别是未经成熟过程的鲜肉更明显。当加热温度更高,时间更长时,肉的凝固收缩很明显,这与蛋白质变性凝固、细胞和凝胶结构被破坏、持水力减弱导致水分的减少有关。超过 100℃时,肉蛋白水解反应增强,还会发生氨基酸裂解等反应,产生肉的特征风味。

胶原蛋白在 65℃左右会发生剧烈的热收缩现象,加重肉质感的韧性。不同肉的胶原蛋白热收缩温度不同,鱼类的收缩温度较低,可在 40℃左右。胶原热收缩是含胶原蛋白多的牛肉等在烹调后干缩严重的主要原因,这对菜肴保型不利,也阻碍了原料间的黏结。因为胶原蛋白的低水溶性妨碍了溶胶的形成,并且它的强收缩使原料趋向内缩,原料间的接触粘连受阻。所以肉糜制作中,要事先除筋,目的就是防止胶原的收缩带来影响。不过,热收缩现象对肉丝等在锅中加热后互不黏连和"生锅"有好处。

肉在烹调过程中,肌纤维收缩,使肉可能会变得更坚硬,但是烹调可以溶解脂肪和将胶原蛋白溶解生成可溶性明胶,所以从总体上看,烹调提高了肉的嫩度。一般规律是:烹调加热温度在 40～50℃之间,肌动蛋白凝固,肉硬度增加;60～75℃之间,肌内膜和肌束膜变性,切割力进一步增加;75℃以上,因为胶原蛋白水解,肉的硬度下降。

表 5-21 是肌肉加热后在几何尺寸、重量方面的变化。由此可见,选择加热时间和温度是关键。

表 5-21　肌肉加热后尺寸的变化

指　　标	加热到 90℃	90℃保持 1 h
总重减少/%	34.6	38.9
体积收缩/%	16.6	25.3
长度缩小/%	22.0	26.0
宽度收缩/%	12.0	16.0
厚度增加/%	8.0	3.5

（二）烹调加工中肉的质构控制

1. 鲜肉质构的物质基础和关键品质

鲜肉质感主要与其自由水的含量和状态有关。持水性或保留水的能力是湿固态食品在烹调中的重要功能性质,是食品保持原有含水量和水分状态的能力,也正是肉类菜肴嫩度质量的重要物质基础。肉凝胶网络存在巨大的比表面和微毛细管,有较高渗透压,这些因素可控制大量的水分,加工后水分损失小,质感嫩。因此,凝胶是食品高持水性的结构基础。食品要有多的凝胶水,才有好的持水性,这取决于凝胶的结构和肉中亲水性物质的性质。

烹调加工中为了保持原料的鲜嫩,关键在于维持或提高固态食品的持水力。例如,老龄动物肉的含水量少,肌肉结构紧密,肉质硬实,结缔组织较多,所以应该增加其含水量。不适当的加热会使肌内纤维组织彻底破坏,使本来可以保持住的那部分水丧失,若用小火较长时间加热,使其结缔组织松散、吸水,则能显著提高菜肴的嫩度。年幼的禽畜肉含水量高,结构较疏松,肌肉显得细嫩,如仔鸭、小牛肉等,应该设法保持其含水量,特别是要保持或增强其水分不外溢的能力,所以宜采用急火短时间加热方法,如上浆快炒,使原料表层蛋白迅速变性凝固,内部的水分可少受影响,从而达到鲜嫩的效果。

2. 保持嫩度的方法

要做到以上要求,除了避免使用老龄的动物肌肉外,还要注意使肌肉蛋白质处于最佳的水化状态和有合适的持水性强的凝胶结构。例如,尽量使肌肉蛋白远离等电点,可用经过排酸或后熟的肌肉进行加工,或者加些碱提高 pH 值,或使用食盐调节肌肉蛋白质的离子强度,使肌肉蛋白质充分水化。另外,还要避免蛋白质受热过度,否则凝胶结构收缩,甚至蛋白质凝固,导致水分大量流失。要防止这种情况,可以在肉表面裹上一层保护性物质如淀粉,或采用在较低油温中滑熟的方法处理。

烹调"火候"即加热温度高低和时间长短对肌肉蛋白的变性影响也很大。一般是肌纤维蛋白最先变性凝固,然后是肌浆可溶蛋白,肌浆可溶蛋白凝固之后,原料温度为 50～60℃,此时胶原蛋白还没有明显热收缩。快炒时,肌纤维蛋白和肌浆可溶蛋白恰好变性,而胶原纤维收缩还不明显,肌肉组织凝胶仍然处于膨润状态下,此时,肉的保水性大,嫩度就高。至于如猪肝、腰子等质脆、胶原蛋白少、无肌纤维蛋白的原料,加热凝固程度低,也适宜高温短时间加热;而结缔组织、纤维多的原料,适宜低温长时间加热。

因为胶原蛋白是不溶蛋白,添加水到肉原料中,其变性收缩温度变化并不大,但肌纤维蛋白和肌浆可溶蛋白的变性温度会下降。下降程度与加水量有关,甚至可超过 15～20℃ 的幅度,这样可以在更低的温度将肌纤维蛋白和肌浆可溶蛋白加热变性,使肉制熟,而胶原纤维收缩、肌纤维的失水大为减轻。这是烹调中通过上浆滑炒肉类原料保嫩的基本原理。

调节好肉的 pH 值对肉的嫩度也有重要作用。肉的后熟可排酸,pH 值升高减轻了加热失水的程度。烹调中事先对肉码味时,可加碱或加少量盐来处理原料,也是为了提高水化作用,维持肉蛋白的持水力。蛋白质分子的净电荷对蛋白质的保水性具有两方面的作用:一是净电荷使蛋白质吸水的强力中心增多,保水性增强;二是由于净电荷使蛋白质分子间有静电排斥力,结构松软,增加保水性。这就是烹调中的碱致嫩、盐致嫩的原理。

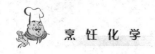

对于原料,刀工处理时选择好刀路,将肉的某些筋、膜切断,以减小因各个方向纤维收缩不一带来的变形,对菜肴定型有好处。采用烧、炖等长时间加热方式能达到使含胶原多的原料酥软的目的。由于胶原蛋白能在热水中溶胀(超过70℃),在100℃长时间加热还能发生部分水解,生成可溶于热水的明胶,这个变化叫明胶化。明胶溶胶冷却后可变为富有弹性的凝胶,失去流动性,加热时又可熔化(25~30℃)。例如,肉汤冷却后形成肉冻,加热又恢复为液态。

常见的木瓜蛋白酶、菠萝蛋白酶、无花果蛋白酶、猕猴桃蛋白酶、生姜蛋白酶等植物蛋白酶能使胶原纤维蛋白、弹性蛋白水解,促使细胞间隙变大,结构疏松,吸收更多水,从而达到致嫩目的。这是嫩肉粉致嫩的原理。

烹调中还可通过"制糜"方法来改进肉类菜肴的质构和风味。肉糜(肉糁)是肉组织经斩碎加工成糜状后,加入一定的食盐、水等搅拌,促使其蛋白质水溶性增大(因为肌原纤维蛋白具有盐溶性)而形成的蛋白质溶胶和悬浮体的混合体系。加工中得到的溶胶越多、悬浮体越少(例如将不可溶解的部分尽量除去),体系越均匀,加热后凝固得就均匀、嫩度就高。

六、其他一些烹调加工方法的原理

(一)熬糖工艺原理

烹调中常用白糖(蔗糖)来熬制各种用途的糖膏,这是因为蔗糖化学性质比其他单糖稳定,熔点又较高,可控范围大。表5-22列举了常见糖的熔点。

表5-22 常见糖的熔点 单位:℃

糖	熔点	糖	熔点
蔗糖(纯)	185~186	β-麦芽糖	103
蔗糖(不纯)	160~185	α-乳糖	223
胶状蔗糖	130~185	β-乳糖	252
果糖	102~104	α-葡萄糖	146
α-麦芽糖	108	β-葡萄糖	148~150

液态糖和胶态糖,具有黏结、赋型作用。熔融状态的液体糖,若温度迅速下降,糖分子仍呈液态时的无序状态,便形成一种具黏塑性的胶体(胶态糖)。它本质上是一种过冷液体(无定性的玻璃态),糖分子处于无序的亚稳态,经过一定时间,会自动转变成晶体,硬度增大。有些食品中会见到胶态糖又成为晶体糖的转变现象,这叫"返砂"。防止这种现象可在熬糖时加入蛋白质、淀粉、水、油脂、酸等,并注意控制好熬糖时的温度,使之老嫩恰当。保存时也应不要放置太久、温度过低和空气

太干燥。

蔗糖加热熬制过程大致可分为三个阶段。

第一阶段：在低温（一般在120℃左右）或者加热初期，此时晶体糖并未熔化，只是在水或油中发生溶解软化，糖液黏度增大，能起丝。适合制作糖汁、糖膏和挂糖霜。它们能重结晶，水溶性大，颜色浅白，仍有甜味。

第二阶段：糖浆或糖膏继续加热，黏度迅速增大，并有颜色产生，此时温度大约在糖水溶液的最高沸点和不纯晶体糖的最低熔点之间，约为155℃。这一阶段因有颜色变深现象，说明糖已开始发生明显的化学反应。这个阶段中，控制温度和时间对熬糖的质量非常重要。此时的糖液适合拔丝、穿糖衣等。烹调中拔丝的原理就是迅速增大糖膏（160℃左右糖液）的散热面，使之迅速冷却形成黏着性大的胶体，不变形，也不易返砂结晶，水溶性差，但仍具甜味，这是典型的胶态糖。

第三阶段：温度上升到165℃以上时，发生焦糖化作用，糖的颜色迅速变褐。烹调中的糖色就是这个过程的产物。一般温度不要超过200℃，以免糖色过深。当温度超过180℃以上时，糖的分解反应加快，会有气味物产生，这就是所称的焦糖香味，此时，糖的甜味已基本消失，有焦苦味。糖的水溶性差，胶性降低，甚至可能无胶性。

（二）制汤工艺原理

制汤，行业中又叫吊汤、炖汤、汤锅。汤是把富含蛋白质、氨基酸、脂肪等成分的肉类、鱼类、贝类、可食菌类及一些植物原料置入水中加热所形成的溶液、溶胶或乳化液。汤的主要功能除可以作为液体食物直接食用外，还可以作为烹调中调味、增香的辅料。烹调中常言："唱戏的腔，厨师的汤"，可见汤的重要性。

烹调中将汤分为"奶汤"和"清汤"，主要是依据汤的透明程度和混浊程度。奶汤颜色呈乳白色，如牛奶，黏度较大，也叫"白汤"。清汤透明，稍有颜色。

制汤中发生的主要物质变化是：第一，通过溶解和水解作用，形成含多种鲜味成分的溶液。加热可促使原料中的可溶物质从原料组织中浸出溶到水中；原料中的一些物质在长时间加热后发生一定程度的水解反应产生更多的水溶性成分，这些成分有氨基酸、核苷酸、酰胺、三甲基胺、肽、有机酸、有机碱等。第二，通过乳化，形成水包油型乳化液（奶汤），或通过防止乳化，使原料的油脂分离出体系外，形成透明的溶液或溶胶体系，并赋予一定的黏稠性。

根据以上原理，烹调中制作奶汤和清汤的方法有不同之处。首先，选料上，奶汤作为乳化液，要选择含胶原蛋白高、油脂多但以隐性脂肪形式存在的原料，如猪骨、猪蹄等，这样可以让油脂释放的速度减缓，以便能够发生乳化作用；而清汤主要选择蛋白质容易快速变性凝固的原料，且原料应该大块些，加热时间应该足够长。制作时加热的方式要注意，特别是制作清汤时，不要使水发生明显的沸腾，因为过度的沸腾，会产生液体流动、气体搅动等机械作用，汤体的不断振动使脂肪被撞击

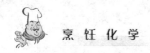
成许多小油滴分散于汤中,导致油脂乳化、物料崩解,从而使汤体中含有乳化液、悬浮物等,而达不到清汤的要求。

烹调中还通过"扫汤",使汤体更加透明、澄清。其方法是把鸡脯肉和鸡里脊剁成茸,放入热汤中。其原理是通过肌肉纤维蛋白变性后形成的凝胶物来吸附汤中的不溶成分和微小颗粒物。这在行业中也叫"打红梢"和"打白梢"。另外,制汤的原料,一般应冷水下锅,因为原料表面蛋白质过早变性凝固会阻碍内部成分的溶出。制汤中途及成品汤不宜加水,这是因为汤体是溶液、溶胶和乳化液等多相分散体系,它处于暂时稳定状态,如果加入水分,很难短时间内形成新的平衡,反而导致原有稳定性破坏,产生不均匀现象。

（三）热膨胀工艺原理

烹调加工的热膨胀工艺包括油发、盐发、沙发,主要用于一些干料的涨发,其原理和方法相当于食品加工中的膨化技术。工业膨化的基本原理是将被加工的食品放入密闭容器中,加热加压后,食品中的水分呈过热状态,然后突然减压,水分汽化膨胀。巨大的膨胀压力不仅破坏了食料的外部形态和物理结构,使食品中出现许多小孔,变得松脆,还会影响食品成分的高分子结构,将不溶性长链淀粉切短成水溶性短链淀粉、糊精和糖,使蛋白质变性等。该方法可以对含淀粉高的谷物、豆类或薯类加工成为膨化食品,还可以对含蛋白质高的、具有一定组织结构的食品进行处理。

烹调加工中的热膨胀工艺是利用高温强迫组织内的结合水汽化来产生膨胀力。如果物料的组织结构不能集聚气体产生足够的压力,或者如果物料结构过于紧实,都很难发生膨胀现象,这就好比气球,如果是漏气的或者是过于坚实的材料做成的话都不可能吹胀。如果物料含水太多,大量的水具有溶解作用,会导致物料结构破坏,也不会出现膨胀现象,所以,物料应该是低水分食品原料。

热膨胀涨发工艺一般分为低温焐制、高温膨化和复水三个阶段。焐制阶段主要是平衡物料内外的温度,防止表面温度高过早膨化而内部却没有膨化的现象,一般油发的焐油温度不超过130℃;高温膨化阶段是利用高温(可达到180℃或以上)将原料中的水分(包括结合水)汽化,在物料内部集聚,形成起压力,并最终在压力达到物料强度的临界点时发生膨胀作用,使紧密组织间隙增大,形成多孔疏松结构,利于后期复水。高温本身就能促使物料分子的热振动加剧,极高的温度(如火发工艺)还可以导致物料结构中某些成分发生化学反应,如二硫键、酯键断裂,使物料结构强度的临界温度点降低。这个临界点必须高于水分的沸点,但也不能太高,否则会产生猛烈的爆炸现象,使物料瓦解,涨发也就失败。膨化后的食品可以直接食用,如油条、油炸薯条等,也可以放入水中让其吸水,如干肉皮油发后复水。

影响热膨胀涨发工艺的因素有：原料的材料构成情况；含水量；形状和大小；组织结构；加热介质；加热温度和时间。以纤维状蛋白如角蛋白、胶原蛋白、弹性蛋白组成的，组织结构坚硬紧密，水化程度低的原料适合热膨胀涨发。蹄筋、干肉皮等原料要采用热膨胀涨发。热膨胀涨发的物料含水量以低水分为佳，形状应该对称、大小适宜，热介质以干热空气效果最佳，油发次之，微波加热是一个好的热膨胀方法，值得研究和推广。

本章小结

本章通过总结食品的物质基础和加工中的物质变化，通过与烹调的目的（食用性）和食品的安全性、营养性和感官性等基本属性相联系，以重点介绍加热烹调方法为主，阐述了常见烹调加工方法的工艺原理、关键技术及烹调中的实际掌控方法。

练习：单项选择题

1. 烹饪中用糖来制作"拔丝菜"时，主要利用了（　　　）。

A. 焦糖化作用　　　　　　　　B. 糖热融化现象

C. 胶态糖形成　　　　　　　　D. 糖的结晶性

2. 干货原料水中涨发的实质是（　　　）。

A. 干凝胶溶胀　　B. 液凝胶吸水　　C. 干凝胶膨胀　　D. 液凝胶离浆

3. 烹饪中可用淀粉浆勾芡收汁，这是淀粉加热时会发生什么变化的应用？（　　　）

A. 糊化　　　　B. 水解　　　　C. 老化　　　　D. 氧化

4. 适合用热油或干热方式来胀发的原料是（　　　）。

A. 肉干　　　　B. 干笋　　　　C. 肉皮　　　　D. 豆干

5. 烹调中制作汤时的"扫汤"环节是利用了什么特性或作用？（　　　）

A. 沉淀　　　　B. 吸附　　　　C. 凝固　　　　D. 过滤

6. 加热制作糖膏时，如果加热时间愈久，则其（　　　）。

A. 甜度更大　　B. 硬度更大　　C. 黏性更大　　D. 水溶性更大

7. 赋予面团具有良好机械性能（黏弹性）的关键是（　　　）。

A. 蛋白质含量　　　　　　　　B. 面筋含量和结构

C. 淀粉含量　　　　　　　　　D. 水含量

8. 下列对冻结食品及其解冻有利的因素或操作方法是（　　　）。

A. 快速冷冻　　B. 快速解冻　　C. 变温冷冻　　D. 高温解冻

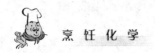
9. 勾芡后菜肴呈现"亮油"的明亮效果,这与下列哪项无关?(   )

  A. 水和油互不相溶   B. 淀粉糊化吸水

  C. 油的相对密度小于水   D. 油和水可乳化

10. 生肉加热收缩的主要原因是(   )。

  A. 水分减少   B. 肌纤维蛋白变性

  C. 胶原蛋白热缩   D. 肌浆蛋白凝固

11. 烹调加热制熟食品主要是利用了(   )。

  A. 热对微生物的致死作用 B. 蛋白质热变性作用

  C. 固体物质热膨胀作用   D. 热化学反应生成香味成分

12. 食品腐败是什么导致的结果?(   )

  A. 微生物代谢作用   B. 食品自身内源酶作用

  C. 空气中氧气的氧化作用 D. 光线的辐射作用

13. 烹饪中的"清汤"中不应该存在以下哪种分散体系?(   )

  A. 氨基酸溶液   B. 水包油乳化液

  C. 蛋白质溶液   D. 无机盐溶液

14. 干热食品使之膨化的关键因素是(   )。

  A. 食品含大量蛋白质   B. 食品含大量淀粉

  C. 食品含少量水分   D. 食品含大量水分

15. 骨、肉皮等炖汤冷后会形成胶冻状,这是因为蛋白质溶液发生什么所致?(   )

  A. 沉淀   B. 胶凝   C. 变性   D. 离浆

 应用:与工作相关的作业

1. 为什么烹调加工中有时要通过碱发来涨发一些原料?哪些原料需要碱发?

2. 为什么烹调中常常使用碱、上浆、码味、嫩肉粉等来致嫩肉类?

3. 面团的黏弹性是其面筋的体现,请分析如何在烹调操作中利用各种辅料和加工条件来调节控制面团的质构性能。

4. 食品熟制程度、加热热源的"火力"、加热温度等与行业中的"火候"有何关系?

5. 根据有关原理,分析挂糖霜、拔丝、穿糖衣、走红等操作的技术关键点。

6. 请分析勾芡和挂糊所用淀粉各自应有的特性。

7. 表 5-23 是菠菜主要成分的组成情况,请利用这些成分的性质,填写它们在加工中可能发生的变化,以及这些变化对菜肴相关属性的影响,并由此总结出烹调中采用何种加工方法为妥。

表 5 - 23　菠菜的主要成分和属性

成分/%	变化	属　　　性					
		安全性	营养性	色　泽	气　味	滋　味	质　构
水(91.2)							
纤维素(0.8)							
果胶(1.5)							
糖类(3.5)							
维生素 C(0.04)							
无机盐(1.4)							
硫化物(0.38)							
叶绿素(0.24)							
萜类(0.76)							
酚类(0.02)							
有机酸(0.06)							

8. 解释下列现象：

(1) 烹饪中的鱼、贝、虾类一般都提倡现宰现烹；

(2) 制肉糜时,要出现行业中俗称的搅拌"上劲"现象；

(3) 清汤制作时要采用小火并长时间"吊汤"；

(4) 烹饪中肉类原料常与生姜或加嫩肉粉等一起码味腌渍；

(5) 一定时间内,面团越揉越结实；

(6) 肉类原料要采用快冻慢解(冻)。

案例分析

炒 和 炸

根据加热油脂的性质和状态,结合原料中主要成分(水、蛋白质、脂肪和糖类)的性质,分析烹饪工艺中炒和炸的操作要领,并说明原料在炒和炸中的变化有哪些不同。

参 考 文 献

1. 黄刚平主编:《烹饪基础化学》,北京:旅游教育出版社,2005 年
2. 〔美〕帕克(Parker. R):《食品科学导论》,北京:中国轻工业出版社,2005 年
3. 谢笔钧主编:《食品化学》(第二版),北京:科学出版社,2004 年
4. 黄刚平、苏扬主编:《烹饪化学》,成都:电子科技大学出版社,2004 年
5. 杜克生主编:《食品生物化学》,北京:化学工业出版社,2002 年
6. 卢蓉蓉等编著:《食品科学导论》,北京:化学工业出版社,2008 年
7. 〔美〕Owen R. Fennema:《食品化学》(第三版),北京:中国轻工业出版社,
   2003 年
8. 李里特主编:《食品物性学》,北京:中国农业出版社,1998 年
9. 蒋爱民、赵丽芹主编:《食品原料学》,南京:东南大学出版社,2007 年
10. 李云飞、殷涌光、金万镐主编:《食品物性学》,北京:中国轻工业出版社,
    2005 年
11. 〔美〕Norman N. Potter, Joseph H. Hotchkiss:《食品科学》(第五版),北京:
    中国轻工业出版社,2001 年
12. 高福成主编:《现代食品工程高新技术》,北京:中国轻工业出版社,1997 年
13. 萧安民编著:《脂质化学与工艺学》,北京:中国轻工业出版社,1994 年
14. 冯玉珠主编:《烹调工艺学》(第二版),北京:中国轻工业出版社,2005 年
15. 黄梅丽、王俊卿编著:《食品色香味化学》(第二版),北京:中国轻工业出版社,
    2008 年
16. 赵晋府主编:《食品技术原理》,北京:中国轻工业出版社,2002 年
17. 张晓鸣主编:《食品感官评定》,北京:中国轻工业出版社,2006 年
18. 李云飞、葛克山主编:《食品工程原理》,北京:中国农业大学出版社,2002 年
19. 刘江汉主编:《焙烤工业实用手册》,北京:中国轻工业出版社,2003 年
20. 张文治主编:《新编食品微生物学》,北京:中国轻工业出版社,2003 年
21. 胡忠鲠主编:《现代化学基础》(第二版),北京:高等教育出版社,2005 年

图书在版编目(CIP)数据

烹饪化学/黄刚平主编.—上海:复旦大学出版社,2011.8(2024.7 重印)
(复旦卓越·21 世纪烹饪与营养系列)
ISBN 978-7-309-08262-3

Ⅰ.烹…　Ⅱ.黄…　Ⅲ.烹饪-应用化学-高等职业教育-教材　Ⅳ.TS972.1

中国版本图书馆 CIP 数据核字(2011)第 134468 号

烹饪化学
黄刚平　主编
责任编辑/谢同君　罗　翔

复旦大学出版社有限公司出版发行
上海市国权路 579 号　邮编:200433
网址:fupnet@fudanpress.com　http://www.fudanpress.com
门市零售:86-21-65102580　团体订购:86-21-65104505
出版部电话:86-21-65642845
浙江临安曙光印务有限公司

开本 787 毫米×1092 毫米　1/16　印张 12　字数 223 千字
2024 年 7 月第 1 版第 7 次印刷
印数 12 601—13 700

ISBN 978-7-309-08262-3/T·426
定价:32.00 元